U0023052

零距離行銷

——客製型服務新思維

浦鄉義郎／著
黃深勳／監譯
中華中小企業研究發展學會編譯小組／譯

中国語版への序

本著「ホスピタリティがお客さまを引きつける」が中国語に翻訳され、中国版として出版されることになったことを非常に感激しております。

今日のような「必需品なき消費社会」においては、モノよりも知識や心など、「見えざる資産」へ人々の価値が移行しております。私は「21世紀はホスピタリティの時代」と呼んでおり、心や精神が重視される社会を「ホスピタリティ社会」と名付けております。

われわれが必要とするモノやサービスは、いつでも、どこでも入手できるようになった今日、市場において差別的優位性を確保できる方法は、ホスピタリティの面で有利な立場に立つことです。

組織ぐるみで従業員がお客さまにホスピタリティ.マインドに徹すると、お客さまに満足してもらうだけでなく、組織の風通しもよくなり、結果として、その影響は自分たちにも跳ね返ってくるのです。われわれ自身がホスピタリティに徹することによって、「お客さまと従業員の喜びの共有」を享受することができるのです。

私がこの書物のなかで取上げている「ホスピタリティ」というのは、ホテル、レストラン、観光業など、ホスピタリティ．ビジネスに限定されるものではなく、サービス業、ホスピタリティ．ビジネス、製造業、医療、学校、ＮＰＯ（非営利組織）、官公庁など、あらゆる業種や業態に属する人びとに役立つコンセプトや考え方を提供しています。

本書では、組織の中で働く人々の従来の考え方にメスを入れると共に、彼らに気づきをもたらし、彼らが抱える問題を自分たちで解くヒントを提供しています。台湾の多くの読者が職場や社会生活において、本書を活用され、従来の考え方に風穴を開け、そしてみんなが喜びや感動を共有することができたならば、それは筆者の望外の喜びとするところであります。

本書が中国語版へ翻訳されるにあたって、中華中小企業研究発展学会、そして同理事長の黄深勳先生のご尽力に対して、心から感謝の意を表したいと思います。

浦郷 義郎

2007年1月吉日

中文版序

對於本人著作《零距離行銷——客製型服務新思維》一書，能以中文版在台問世，本人感到無上的欣喜與光榮。

在今日這種「不欠缺必需品的消費社會」中，人們關注的價值已從物質方面轉移到知識及心靈方面等「無形資產」上。我認爲「二十一世紀是客製型服務的時代」，並將重視心靈與精神層次的社會稱之爲「客製型服務社會」。

今日，我們生活所需的物資或供應型服務可謂是隨時隨地信手可得，因此，若想在市場上確保明顯的優勢，就必須在客製型服務這一區塊站住有利的立場。

如果組織上下的員工都能貫徹客製型服務精神來對待顧客，則不僅會令顧客感到滿意，組織內部的運作也會順暢無比，最後員工本身也會獲得利益報酬。因爲唯有我們本身貫徹客製型服務精神，方能享受到「顧客與從業人員共享愉悅」的成果。

我在書中屢次提及的「客製型服務」思維，它並非只適用於飯店、餐飲、觀光業等這類客製型服務行業，舉凡供應型服務業、客製型服務業、製造業、醫療事業、學校、NPO（非營利組織）、公家機關等等各行各業，它都可以適用的一種概念或想法。

書中不僅針對在組織中的工作人員過去的傳統思維提出針砭，同時也意圖爲他們帶來意識上的覺醒，對於他們所懷抱的問題，提示一些自行解決的辦法。

台灣的讀者諸君，如能在職場上或社會生活上活用本書，致使您破除傳統思維的窠臼，並能大家共享愉悅與感動的話，則筆者我將感到無上的欣慰。

本著作得以中文在台出版，在此要由衷地感謝中華中小企業研究發展學會及學會理事長黃深勳先生，幸得您們的鼎力相助，本書的中文版才得以順利問世。

浦鄉 義郎

2007年1月吉日

譯　序

提供令人感動的服務

相信每個人在生活和消費行為的過程中，都有過服務別人及接受別人服務的經驗。如果你願意回憶一下，在過去被服務的經驗中，有沒有出現過直到現在你仍然非常感動的經驗？又有沒有出現過到現在你還恨得牙癢癢的不愉快經驗？這兩種天壤之別的感受，為什麼會令你難以忘懷？你覺得這兩者之間的最大差別在那裏？如果你開始思考這些答案，那麼你就會無可避免的觸及一個問題，那就是：怎樣的服務才是令人感動的服務？

從過去的經驗中分析，相信多數消費者的觀念認為因已付出了一定的價金，所以接受商家相稱的服務是應有的權利；而提供服務的商家也會覺得，既已收了消費者的價金，提供相稱的服務也是應有的義務。因此生活中多數的服務行為，仍然停留在「權利—義務」、「相稱即合理」的觀念中，服務的本質接近於交換，於是消費生活中那些令人感到「特別體貼」、「超乎意外」的感動經驗便很少出現。

眞正令人感動的服務，其實是超越「合理交換」以及「權利-義務」的範疇的。在服務的過程中，能帶給消費者窩心、驚奇、感動甚至夢想滿足的經驗，才稱的上是眞正的服務。

本學會長年以來以提升台灣中小企業的服務品質為職

志，為使台灣的服務型企業及消費者能擴展觀念的視野，因此爭取日本經營行銷大師浦鄉教授的同意，授權將其大作譯成中文版，藉由其Hospitality觀念的引介，使關心此一議題的企業和社會人士能真正理解服務的本質。

本書的順利出版，除感謝浦鄉教授的應允外，也感謝學會工作團隊成員在譯潤監校上的努力，以及揚智文化公司的鼎力協助，才能一饗讀者。本書力求譯述潤校周全，如容或有瑕，尚請方家不吝賜正。

編譯小組召集人　張鐸嚴
2007年12月

目　錄

中国語版への序　i

中文版序　iii

譯　序　v

第一章　企業能否生存？　1

有活力的企業員工是主角　3

變色龍可以適應環境，但是長毛象卻不能　6

企業打算鯨吞人類？　8

「超音速協和客機」真的有需要嗎？　11

今日，顧客究竟想要什麼？　13

第二章　二十一世紀的企業追求什麼？　17

為何需要客製型服務？　19

用「心」的時代是發展水平型關係的時代　23

供應型服務與客製型服務的差異　27

機器傀儡型員工無法提供客製型服務　31

客製型服務社會裡，人因使命感而工作　33

願意提供客製型服務的人，會要求可以實現自我的職場空間　35

想要達成自我實現，必須有自由的職場環境　37

第三章　顧客需要的是夢想、感動，與幸福　41
活力旺企業會貫徹客製型服務精神　43
顧客和企業是一對一的關係　45
市場變化依序是大衆→分衆→小衆→個人　48
「個客」更需要客製型服務　51
銷售夢想、感動，與幸福的企業可以存活　54
想要個性化、多元化就必須創造夥伴關係　57
和顧客融為一體共創雙贏局面　59
顧客要的是「純顧客價值」　63

第四章　何謂企業的「無形資產」？　67
「無形資產」未編列於資產負債表上　69
顧客的忠誠度更勝於土地與建築物　73
企業品牌可在一夕間崩盤　76
員工不是百圓打火機，而是尊貴的內部顧客　79
組織文化是企業的重要資產　82
客製型服務社會，考驗經營者的資質　86
資訊屬企業資產，應共有共享　89
要促進資訊科技化，就必須有客製型服務　91

第五章　由供應型服務社會轉型爲客製型服務社會　95
日本人行動的原點是什麼？　97
供應型服務社會裡，「忠狗八公型的人」被視為是最得力的助手而受到重用　99

員工與經營者是命運共同體　102
受雇者只為月俸工作，企業主則不在乎薪資　106
要從比目魚型（仰人鼻息型）蛻變成鱸魚型（出人頭地型）　109
在客製型服務社會裡，著重於個別最佳效能的加總　111
不能因「會被苛責」、「會被褒獎」做事，而是為了要「取悅他人」做事　113

第六章　客製型服務取向的組織需要什麼？　117

賦予自由裁量權，員工和組織雙方皆大歡喜　119
議論可堅定彼此的信賴關係，也是解決問題的方法　121
誰可以發揮客製型服務的領導力？　123
客製型服務社會的有效理論是「HM理論」　125
客製型服務取向的組織，適合倒金字塔型或扁平型　130
想要實現自我，來自四面八方的評價不可少　134
從扣分主義走向加分主義是自我覺醒的開始　137
在客製型服務社會裡，必須能夠自我管控　140

第七章　對客製型服務公司而言，EQ是不可或缺的要素　143

客製型服務公司的出現　145
以刻板印象選用員工是否得當？　147

投入資源應該在人才的選拔上，而不是在員工的教育、訓練上 150
選擇標準不宜依據過去的實績，應視其將來的可能性 153
讓企業全體上下均洋溢著客製型服務的氣氛 155
客製型服務社會裡，IQ與EQ如同車的雙輪，缺一不可 158
可以生存的企業要無懼失敗繼續學習 161
重視人品與人格的客製型服務公司 164

第八章 組織的改革必須有人爲的突然變異 167
客製型服務領導人必須具備像禿鷹眼般的敏銳觀察力 169
何謂客製型服務領導者的資質？ 172
企業的活力來自何處？ 175
突破客製型服務領導者的瓶頸是什麼？ 177
新酒需要新瓶來包裝 181
突變為企業改革的唯一途徑 183
客製型服務公司要認清什麼可改變與什麼不可改變 186

結 語 191
參考文獻 195

Chapter 1

企業能否生存？

供應型服務社會（傳統型態）	客製型服務社會（二十一世紀型態）
1.組織的主角	
經營者或管理者	從業人員
2.適應環境的型態	
猛瑪象型（愈大愈好）	變色龍型（小而美）
3.對人權的關心	
不關心人性	尊重人性（重視人權）
4.共生的種類	
寄生或片利共生	共利共生
5.對地球環境的態度	
破壞環境	溫柔對待
6.社會的型態	
大量消費的社會	不欠缺必需品的消費社會
7.買賣的層次	
價格和品質	價格和品質＋時間和空間＋用心
8.幸福的條件	
擁有充裕的物質	擁有滿足的心靈

有活力的企業員工是主角

Club Med是當今世上最大且享有盛名的連鎖度假勝地，它最早期的設備是帳篷，後來改成茅草屋頂的平房，最後發展成大飯店。這家Club Med的秘密武器其實就是被稱爲GO（Gentil Organisateur）的接待員。他們和來度假的客人融合在一起，白天和客人一起做運動、釣魚，晚上也加入唱歌跳舞的行列，自身也享受著快樂的時光。他們和稱爲GM（Gentil Membre）的客人吃同樣的餐食，在同一個園區裡生活。GO既是遊戲的夥伴，也是娛樂顧客的藝人，那裡自成一個小小的地球村。

在度假村裡，你不會見到面孔熟悉的GO，因爲他們每六個月就會調動一次，即使顧客再度光臨同一個度假村，碰到同一個GO的機會可說是少之又少。倒是有可能在別的度假村遇見曾經熟悉的面孔，當雙方再度重逢時，經常都會萌生新鮮感與驚喜。

由於Club Med度假村時時刻刻都在醞釀新鮮感的氣氛，所以感動遞減的法則在這裡並不適用，在這個度假村裡，客人接觸人、物、設施的那一瞬間始終是在「關鍵性時刻」中被掌握，因此GO和GM的邂逅是決定性的瞬間也是回憶的瞬間。

因園區內也提供住宿和飲食，因此Club Med的GO一般被認爲薪資不高，可是希望來此當GO的年輕人卻不絕於途，因爲他們覺得在這個度假村工作讓他們感受到生存的意義。

Club Med的GO是和客人共度「快樂時光」的夥伴

在這個度假村裡，顧客、員工認同經營者的理念，並且融入其中，共同創造新的價值。人與人之間的溝通在這裡受到極度重視，而在此工作的GO的所有行爲，全都是以客製型服務精神爲出發點。

東京迪士尼樂園大約有超過一萬名以上的員工，他們全都被稱爲演出參與者（卡司），整個十五萬坪的園區是一個大舞台，在這個園區裡工作的人，每個人都是在演出他們自己的秀給來訪的客人觀賞，也就是說，所有的員工都登上了表演的舞台。打掃的人也是演出者（卡司），他們「並非只是單純地在做打掃，而是要讓顧客觀賞打掃的這一場秀」，在這裡，只要是顧客看得到的工作都是參與演出的主角該做的工作，他們穿著的服裝不是制服而是舞台衣裳。

迪士尼樂園的理念是創造一個魔術王國，這個理念同樣也可以應用在舞台設備及環境創造上。迪士尼樂園的員工教育訓練許多都和人際溝通有關，因此，園區裡備有三百本的手冊。每晚，他們都要刷洗廣大的園區用地，據說是因爲上級指示他們「必須將園區用地洗乾淨，乾淨的程度必須達到讓早晨最早來到園區的訪客的小嬰兒即使到處爬也不會弄髒衣服」，刷洗的標準並不單是一句「乾淨」的模糊字眼而已。一般的「尺度」不適合應用在想要貫徹客製型服務精神的企業。

還有，當他們說「日安、午安」時，並非只是口頭道出而已，根據守則規定，他們必須「眼看對方」以及「面帶微笑」，並以明亮快活的語調說出「日安」。打招呼不可以只是機械式的形式，必須是發自內心的問候，也就是說，只有透過彼此心靈的交流，顧客才會被感動。

據說迪士尼樂園的信念訂定始終是未完成狀態，換句話說，他們是想要經常維持在成長的狀態，只要人類心存夢想和浪漫情懷，他們的信條訂定就絕不可能完成，這就是迪士尼公司的基本方針。

經營者的這種想法不是來自過去的經驗或是學校教育。不論是Club Med或是迪士尼樂園的經營者，之所以要求他們的員工必須傾注最大的熱情來提升服務品質，並爲客人提供量身打造的服務，是因爲他們必須對於那些使用設施、來自世界各地的客人給予夢想和感動的保證。他們將難得見到、難得到手的幸福快樂帶給來訪的客人一事，當成是自己的事業來經營，並且，整個組織上下都非常重視顧客和員工之間的「關鍵性時刻」的掌握。

變色龍可以適應環境，但是長毛象卻不能

比較前述的兩家企業，日本企業的實際情形又是如何？舉例而言，日本的百貨公司及超市都高呼「顧客至上」「以客爲尊」，可是自從經濟泡沫幻滅以來，所有的百貨公司和超市都無法抵擋銷售業績下滑的趨勢。儘管他們一再高喊「顧客滿意」、「創造顧客價值」，但事實上，他們追求的難道不是銷售業績及提高獲益？其中似乎也不乏醉心於土地炒作和追逐錢潮的經營者。

這些企業墨守成規，至今依舊把目光重點放在供應型的服務上，現場的員工若無上級的指示或命令就動彈不得，他們無法銷售管轄部門以外的商品，各部門的負責人不享有自己部門的人事任用權，在商品的採購上，現場的員工幾乎都沒有被賦予自由裁量權，甚至連商品的配置及陳列方式都要遵照上司的命令來做，該如何接待顧客，現場員工也幾乎都不被賦予自由裁量權，管理階層始終是主角，而員工則永遠是配角，所以員工的潛力幾乎沒有機會完全發揮。

泡沫經濟發展期間，日本的YAOHAN、SOGO、DAIYEH的事業版圖急速擴大，個個都是業界舉足輕重的要角，風光一時。這些企業的經營者也乘勢而起，陸續開了許多大型店舖。

他們擴充事業的方式就是增加店舖數、擴大賣場面積以

及豐富產品項目。這種做法的確爲顧客提供了便利性，讓顧客在選購商品時有較多的選擇，是屬於顧客取向的做法。他們服務顧客的方式只是高唱「顧客至上、以客爲尊」的口號罷了。事業版圖的擴張是拜規模經濟之賜，擴大路線對企業而言就像趕上順風的船隻一樣。然而，就長遠的觀點來看，這種做法無法和顧客、員工、股東，及其他的利害相關者共生共榮。

冰河時期的長毛象，因爲無法適應環境的變化以至於絕種，但是變色龍卻能順應環境變化改變體色而存活。前述的幾家日本企業和長毛象一樣，因爲無法和環境共生而導致失敗，可是當時又是誰想要擴充事業版圖？難道不是經營者的判斷錯誤？

他們只不過是憑著自己的獨斷與偏見，誤以爲「事業擴大有利顧客」，或是「對自己有利」而貿然躁進，企圖擴充事業版圖。總而言之，他們只不過是想藉由製造商品和提供商品來試圖滿足顧客的需求罷了。如今想來，用這種方式來擴充事業版圖，經營者本身勢必是孤立無援，因爲他們忽略了顧客的需求、員工的意向以及社會的價值取向。

就拿人來做比喻好了，一個人的身體要是過大，他的神經系統、消化系統、血液循環系統都會發生問題。組織也和人的身體一樣，只要是有機體，過度的膨脹就很容易導致機能缺損。一遇上像今日這樣不僅環境的變化無法預期，而且變化速度加快的情況，過度龐大的組織就會跟不上環境變化的腳步。

只要組織夠龐大就不會倒閉的美好舊時代已經結束，當今，唯有可以迅速順應環境變化的組織才有辦法存活。

二○○二年十一月二十一日的美國《華爾街日報》上有一篇報導，標題是「一舉掃除日本的不良企業」。報導內容指稱對於那些想向金融機構融資，意圖苟延殘喘的不良企業，應該儘速淘汰云云。然而，那些所謂的不良企業並非都是指債信不良的企業，像長毛象那樣無法順應環境變化的企業，遲早都可能陷入困境。

依舊沉醉在過去風光歲月的經營者，因無法順應環境的變化而失敗了。也就是說，他們敗在與個人、社會、世界、自然的共生上。對於顧客或員工，他們缺乏用心、關心甚至照料，換句話說，他們是完全不懂客製型服務的經營者。我們稱呼這種不懂或不關心客製型服務的人以及不瞭解顧客心理的人爲「客製型服務近視」（hospitality myopia）。

貿然擴大事業版圖而招致經營失敗的企業案例給許多人提出了警訊。它告訴我們如果無法迅速確實地掌握環境的變化與環境共生，企業終將窒息而死；可是今日仍有許多經營者尚未從失敗中記取教訓。

企業打算鯨吞人類？

俄羅斯作家賈辛（V. M. Garshin）在其著作《信號》一書中有如下的敘述：「在這個世界上再也沒有比人類更凶殘的動物了，狼雖然無法與其他同伴分食獵物，但是人類卻可

以鯨吞自己的同類。」他批判當時的體制，對於社會的黑暗面及戰爭的黑暗面採取強烈的反抗態度而名噪一時。

此外，美國的哲學家威廉·詹姆斯（William James）在其著作《回想與研究》一書中，亦有一段如下的敘述：「從生物學的觀點來看，人類是最可怕的猛獸，是一種會把同類有組織地、且有計畫性地吞噬掉的唯一猛獸。」如果我們擴大來解釋他的這段話，那麼企業豈止要懂得共生，爲了生存更必須與大家分享利益，作此論述，並非言過其實。

從山一證券、日本長期信用銀行、SOGO開始，到最近的青木建設、佐藤工業、雪印食品，這些企業均已風光不再；而面臨倒閉的企業或是陷入困境的企業，在經濟泡沫化之後更是如雨後春筍般地陸續出現。這是人爲因素造成的，要歸咎於經營者的不當作風，正是他們的不人道對待，才害得那些認眞打拚的員工不知何去何從，每思及此，心中感受的悲哀早已超越了憤怒與懊惱。

在那裡打拚的員工，犧牲家庭，一味地向公司及上司鞠躬盡瘁，他們是企業戰士，而且，他們還得負擔正在成長中的孩子，一邊還要繳付房貸，儘管負荷沉重，但他們將夢想寄託於退休後的生活，默默地繼續工作。對於那些因爲不近人情或欠缺倫理觀念的作風、而將企業逼進倒閉死角的經營者，只能形容他們是僅次於狼的猛獸，人類是何等凶殘的動物啊！

除了這種情況的企業倒閉之外，踐踏企業倫理的事件也時有所聞。我們周遭也被忽視人性或是喪失良心的社會關係包圍著。在孩童世界裡，欺凌、欺壓的問題不斷發生；而成人的世界也一樣，全人類所應具有的自由、尊嚴，以及權利屢遭侵犯。成人世界的性別歧視在日本社會尤其顯著，從職場上的薪資、升遷，以及職務內容的差別，這種歧視待遇，依然清晰可見。

而家庭中的女性，雖然也在操持家務、養育兒女上扮演著中心人物的角色，可是她們卻經常處於弱勢的立場。許多日本男人在他自己看電視或看報紙的同時，卻只會命令妻子爲他倒茶，性別歧視到這種程度的國家，依我看也是世界罕見。

放眼全世界，在人種、膚色、語言、思想、宗教、社會地位等等方面的歧視問題更嚴重，因爲歧視的問題而捲入紛爭的事件也不少。〈世界人權宣言〉裡明載著：「所有人類，生而自由，並享有平等的尊嚴與權利，人類被賦予理性和良心，必須秉持同胞精神行使行爲。」

美國作家雷蒙·錢德勒（Raymond Chandler）的作品裡有一句話說：「不堅強就無法生存下去，不溫柔和善就沒有生存的資格。」這是一句頗令人玩味並發人深省的話。身處今日這種價值觀多元社會中的企業，爲了要存活下去，必須思考該把平衡點放在何處？這才是當務之急。

對於這種問題，我們也一直在挑戰解決辦法，對目前的企業是否可以繼續生存，有必要加以評估（going concern）。今日，存在的問題比存續的問題更受到矚目，一家公司是否有益社會？或對社會是必要的存在？以及，它是

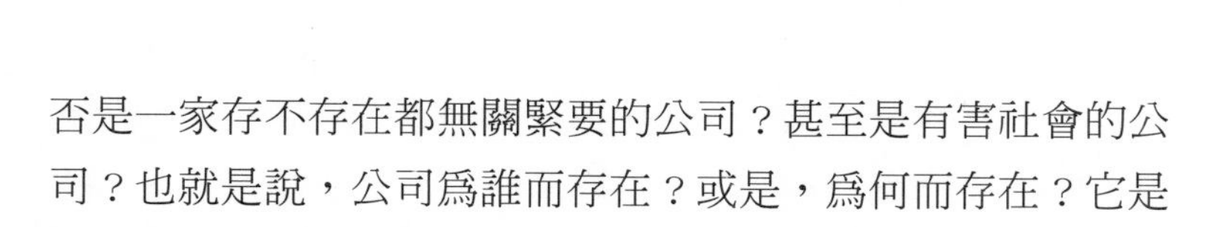

否是一家存不存在都無關緊要的公司？甚至是有害社會的公司？也就是說，公司爲誰而存在？或是，爲何而存在？它是否應該存在的問題受到矚目。

今日，各行各業都高唱共生論，就企業界而言，就有四項共生理論存在：(1)企業與個人共生；(2)企業與社會共生；(3)企業與世界共生；(4)企業與自然共生；然而，截至目前，又有幾家企業成功地做到與個人、社會、世界、自然共生？

儘管到處都在提倡共生理論，但如果從生物學的觀點來看，共生可分爲寄生、片利共生、共利共生等三種。過去，企業對個人、社會、世界、自然可以說只是寄生或是片利共生的共生蟲而已，並非眞正的共生。可是，爲了企業的存立（存在），除了與個人、社會、世界、自然取得協調達到共生共利之外，別無他途。

「超音速協和客機」真的有需要嗎？

在物質需求持續增加的時代，因應市場的大量消費、大量流通而可以大量生產，亦即，只要人類在生活上對生活必需品仍有需求，則物品的生產製造就會繼續。法國的「超音速協和客機」，一開始，在法國新聞界被譏評爲「世界上最昂貴的無用長物」；即便如此，英國和法國卻同心協力讓它在天空翱翔。今日看來，若問「超音速協和客機」是否爲民眾生活上的必需品？答案就交由讀者諸君自行來判定吧！

「不成長不但無法解決貧困的問題，也無法增加員工雇用，生活也無法改善」這種成長論調，帶動了當時的趨勢，於是導致了大量生產的體制創造了大量消費的社會，結果環境遭受破壞的棘手問題來了。從一九六二年瑞秋．卡森（Rachel Carson）的著作《寂靜的春天》一出版，環境問題立刻成爲全球的熱門話題；一九七一年，羅馬社率先延請專家做研究，研究成果報告也以《成長的界限》爲標題出版。一九九一年，同一批研究人員又出版《超越界限》一書。這些書籍提醒我們必須注意「環境破壞」的問題，同時也告訴我們要「善待環境」。

商品製造商蓄意將正在市面上販售的產品淘汰掉，不斷地把新產品推銷給顧客，他們打著「滿足民衆生活需求」的冠冕堂皇旗幟，在新產品的研發上，拚死競爭。其結果是，一般大衆在製造商的計畫性淘汰下，不得不把尙可使用的產品丟棄；而另一方面，慘烈的銷售競爭也在企業之間蔓延開來。

截至目前爲止，許多企業都一直在努力，意圖滿足顧客的需求，爲此，他們在必須滿足顧客和創造顧客價値的前提下，不得不加速進行市場的細分化。然而，如若要愼重其事，最後就會演變成必須去滿足每一位顧客的需求，這也會使一般大衆愈來愈傾向個性化訴求，就一般大衆本身而言，他們要求的是量身訂製（customize）的客製化產品。如此一來，今日，企業不要再以顧客大衆爲對象，必須以「個客」爲對象，專注於個性化商品的製造或是提供量身打造的客製型服務。

二十世紀後半期是高科技和高接觸（high touch）的時代，爲了要在競爭激烈的社會中存活，企業必須提供客製型產品與服務。也就是說，各家企業爲了能在激烈的競爭市場上出奇制勝，不得不提升產品及服務的附加價值。如今，包括醫院、學校、政府行政機關等，乃至一些非營利組織也都在尋求高接觸服務。

今日市場上，充斥著汽車、家電產品、個人電腦、行動電話、數位相機等等高科技產品；大飯店、餐廳、觀光等的客製型服務事業也提供高接觸服務，可是，許多顧客對於這種產品或這樣的服務，早已食之無味。

「日安」、「歡迎光臨」，配合經過微笑訓練勉強擠出的「微笑」，以爲這樣就是高接觸服務。看起來像是服務機器人的從業人員（包括店員及推銷員）所提供的服務，看在一般大衆的眼裡，就像是「氣泡消失的啤酒」一樣。接受過訓練的員工，待客的態度，究竟有幾分眞實？

今日，顧客究竟想要什麼？

今日的顧客，購買產品不再只是單純地爲了滿足物質需要，他們更追求蘊含有產品製造者或是供應者個性的產品，也就是說，他們追求的是客製型的服務。例如：某家餐廳的主廚有他忠實的顧客來捧場；時尙或彩妝的專業人員會擁有許多個人粉絲；在服務業方面，顧客也會愈來愈傾向指定特定的醫生或律師等等，而這種趨勢，包含著幾項重要意義。

其一是從有形的價值轉向無形的價值，其二是從對組織的忠誠轉向對個人的忠誠，其三是從重視價格及品質轉變為重視時間與空間，甚至心裡感覺等的價值轉向。

比較歐美各國，日本原本就是一個不十分注重服務業的國家。儘管第三種產業的就業人口將近百分之七十，但是從事這項冒險事業成功的創業家比起在第二種產業裡創業成功的人，為數相對地還算少數。雖然愈來愈多的一般大眾希望服務領域能夠多元化，並且提升服務品質，可是能夠滿足他們要求的貼心供應型服務或是客製型服務卻不多見，因為日本服務業的經營者原本就無法辨識供應型服務和客製型服務的差異。

像今日這樣，一般大眾所需要的物品，在短短數年間達到普遍化，民眾在生活上不再有新的需求，如此便產生了各種問題。行動電話及個人電腦以空前的飛快速度達到了普遍化，在此產品普遍化加速的社會，民眾生活所需要的必需品，遲早會逐漸消失。

當今市場上要注意的是產品過剩的問題，民眾想買東西卻又找不到東西可買。換句話說，我們迎接的是一個「不欠缺必需品的消費社會」。購買產品的動機不存在，意味著對於特定產品的需要已經失去持續性。目前，企業刻意營造出來的商品時尚化現象，可說只不過是在做垂死前的掙扎罷了，而許多顧客對於這些早已意興闌珊，興不起購買的意念。

關於這點，富士屋大飯店前副總經理山口祐司先生，巧

妙地做了如下的敘述。他說：「客人突然來訪，於是邀他一起吃披薩，這時打電話叫外送會比自己動手做來得迅速。今天顧客在意的不是產品，而是產品的有效性質，想利用的、想購買的、想享受的是產品的方便性；雖然品質和價格也很重要，但是，因時因地的方便性價值卻更重要。」他又接著說：「製造產品的社會所統領的時代，屬於依賴產品價格與品質的第二層次交易，但今後的社會，將會在產品價格與品質之外，再附加上時間和場所的價值，變成第四層次交易，在第四層次交易的經濟領域裡，大家彼此互相理解認同各自的價值觀差異。」也就是說，顧客對產品或供應型服務的價值觀改變了，他們對於時間以及空間的概念愈來愈重視。

在「不欠缺必需品的消費社會」裡，顧客的價值觀從以往的產品價值取向到如今的「考慮時空因素」，甚至「超越時空因素」。而所謂的「超越時空因素」指的就是我們肉眼看不見的「人的眞心」。那是透過人性接觸（human touch）所產生的顧客的喜悅與感動，是對於「您的感動是我的喜悅」（Your excitement is our rejoicing）這種理念的執著。換句話說，生活在富裕社會裡的大衆，尋求的是貼心的客製型服務，那是屬於超越時間及空間的第五層次交易；可是，我們的產品製造商和供應商，對於此事卻意外地絲毫未覺，產品製造商依然一如往昔，拚命製造產品，而服務業則淪落成缺乏服務熱忱的形式接待。

托爾斯泰（C. L. N. Tolstoy）曾提出幸福的五項條件。第一、人與自然的關係不受侵犯的生活，亦即可以和大地及動植物一起生活；第二、隨自己所好自由勞動並且可以從事肉體勞動以促進食慾和睡眠品質；第三、家人；第四、可以自由地與世界各色人種本著愛心彼此交流；第五、身體健康，無災無病地走完人生。

按照他的標準，那麼，世人眼光中的事業愈成功，以及社會地位愈高的人，就愈容易喪失幸福的條件。可是，愚蠢的人類卻一直都在追求地位、權力、名譽、金錢，以為只要這些都到手就會得到幸福。

人類原本就是為了他人而存在。不僅是為了共享快樂幸福的家人和朋友，也應該為那些因基於同情而產生關聯的許許多多不認識的人而存在。原本，人類就是對這些事感受到生存的意義，而從事工作。然而，今日的企業，究竟是為何人？為何目的？又意欲何為呢？

回顧過去，所謂成功的企業是指那些重視顧客和員工，並一直給予他們理想與感動的企業，而懂得重視顧客和員工的企業，也總是有辦法打開成功之門；可是，今日許多企業卻遞給顧客一個沒水的空瓶子讓顧客喝水，如此，不僅無法打動顧客的心，應該也得不到他們的忠誠眷顧。

當今，社會的需求是客製型服務精神。客製型服務和人的精神及倫理有密切的關聯，並且是只有人才可以做得到。撼動人心最大的力量就是肉眼所不能看到的精神力量。企業之所以存在的理由，在於它可以替人類帶來幸福，如果大家心中還有憾事，就沒有眞正的幸福可言。

Chapter 2

二十一世紀的企業追求什麼？

	供應型服務社會（傳統型態）	客製型服務社會（二十一世紀型態）
1.市場貢獻度的比重	生活上、經濟上的貢獻＞社會上、文化上的貢獻＞精神上、倫理上的貢獻	生活上、經濟上的貢獻＝社會上、文化上的貢獻＝精神上、倫理上的貢獻
2.社會的關鍵語	大衆、垂直、強硬	個人、水平、柔軟
3.與競爭對手的關係	競爭關係	同盟關係
4.語源（拉丁語）	servus（奴隸）	hospes（客人的保護者）
5.衍生語	service（供應型服務）、servant（僕役）、servitude（勞役）	host（主人）、hostess（女主人）、hotel（飯店）、hospital（醫院）
6.客人與主人的關係	客人＞主人（表面上） 客人＜主人（實際上）	客人＝主人
7.在台面上活躍的人物	供應型服務人員（具供應型服務精神者）	客製型服務人員（具客製型服務精神者）
8.經營課題	效率性和合理性	有效性和創造性
9.對職場的想法	獲得生活糧食的唯一場所	可以實現自我並啓發自我的場所
10.雇用型態	終身雇用契約	依雙方意願的自由雇用契約

為何需要客製型服務？

迎接二十一世紀，全世界即將發生重大變化。過去的經營理念或模式，無法挺進未來時代的事實也逐漸明朗。許多人承認過去的經營模式無法有效地發揮作用，因此，他們不得不回到經營的原點上重新思考。這意味著任何企業都必須回歸到「謀求人類幸福」的經營哲學上，而它也是企業存在的理由。

身處今日這種成熟的社會，我們對物品的需求，透過產品及服務的供應，幾無欠缺；但是，爲什麼總是還有不滿或不悅？企業之所以存在的最初理由是「爲顧客、員工、股東，或是其他利害關係人帶來幸福」。可是，企業是否眞的做到了去滿足人類的這些需求？

若將人類的需求大致加以分類，則可分爲生活上、經濟上的需求，社會上、文化上的需求，以及精神上、倫理上的需求（參考**表2-1**）。一直以來，企業都只著眼於滿足民衆生活上、經濟上的需求，一味地傾注全力在產品製造上；然而，最近，衆人關注的焦點轉移到善待人與善待環境的軟性訴求以及軟體科技方面，亦即，當今一般大衆需要的不是物品而是「心意」。只提供產品或供應型服務並無法滿足社會大衆的需求。

雖然企業對於市場藉由提供產品及服務，在生活面及經濟面都做出了貢獻，並藉由市場行銷發揮其核心作用；可是，做爲社會一環的企業，人們也期待他們能透過環境保

表2-1　人類的需求

	特徵	內容	例
生活上、經濟上的需求	有形的	人類在生存上必需的物資	衣、食、住、行、電視、電腦等等
社會上、文化上的需求	無形的	人類在社會中為了個性化、社會化所必需之物	藝術、教養、運動、旅行等等
精神上、倫理上的需求	無形的	謀求人性尊嚴、心靈安頓、精神充實上所需之物	宗教、愛情等等

資料來源：Y. Uragou 2001

護、社會福利，以及志工支援或贊助藝術文化活動等，做出社會方面、文化方面的貢獻。換句話說，企業必須多贊助慈善公益活動（社會方面的貢獻）。尚有，對於參與市場的人（包括顧客、員工、股東，或是其他利害關係人必須提供關切、體諒這種無形的價值，甚至必須在含有社會正義在內的精神面、倫理面做出貢獻，也就是提供客製型的服務。

針對以往重視市場行銷的想法，今日的市場及社會都冀望企業能轉換思維。在工業化社會裡，重視產品製造的生產者導向是思考的主流，如今面臨即將脫工業化社會的局面，必須將目光逐漸轉向重視社會大眾上。在這項變化的過程中，我們可以明顯見到，只做市場行銷並無法滿足社會大眾在社會方面、文化方面的需求以及精神方面、倫理方面的需求。

在以往市場行銷至上主義掛帥下，企業的確滿足了社會大眾在生活面及經濟面的需求，建構了一個富足的社會，但那只不過是物質方面的富足罷了。尤其是自一九七○年以

來，各家企業被迫必須設法滿足民眾在社會方面、文化方面的需求，因而對慈善公益採取了較積極的態度。這是對過去的企業活動所做的反省，也是面臨新時代社會的要求，甚至是企業在戰略上必須如此所使然。在所謂企業市民的觀念下，企業開始積極地參與慈善公益活動。

然而，即便如此，社會大眾在精神方面、倫理方面的需求依然無法得到滿足，也就是說，人們冀望企業揚棄舊思維，實施改革，可是企業的領導人卻絲毫沒有動靜。這意味著企業追求的目標與社會大眾的期待之間有很大的落差，企業追逐的是商場上的勝利，而顧客卻非如此（參考**圖2-1**）。

這凸顯了今日的政治、經濟、社會，對於一般大眾在精神方面、倫理方面需求的因應措施依然不足。尤其是經濟泡沫幻滅以來，發生了許多有關經營者的失策及醜聞的事件，造成了極大的社會問題。譬如食物中毒、隱瞞瑕疵車事件、核子反應爐爆炸事件、個人資料外洩、濫用藥物導致的愛滋病、醫療疏失、狂牛症等等，威脅民眾的生命、財產以及隱私的事件或事故相繼發生，而這些事件只不過是媒體報導的部分案例而已，實際上發生的問題更是多得不勝枚舉，甚至聽說許多問題早就私底下悄悄地處理掉了。如今，倫理道德淪喪的情況異常嚴重，可是各方對於精神面、倫理面的因應措施卻依然不見進展。今天，社會要求企業必須參與精神面、倫理面的問題解決，因為只要這方面的問題沒有解決，則社會在精神面、倫理面的需求就永遠不會得到滿足。

市場行銷滿足了社會大眾在生活面及經濟面的需求，而

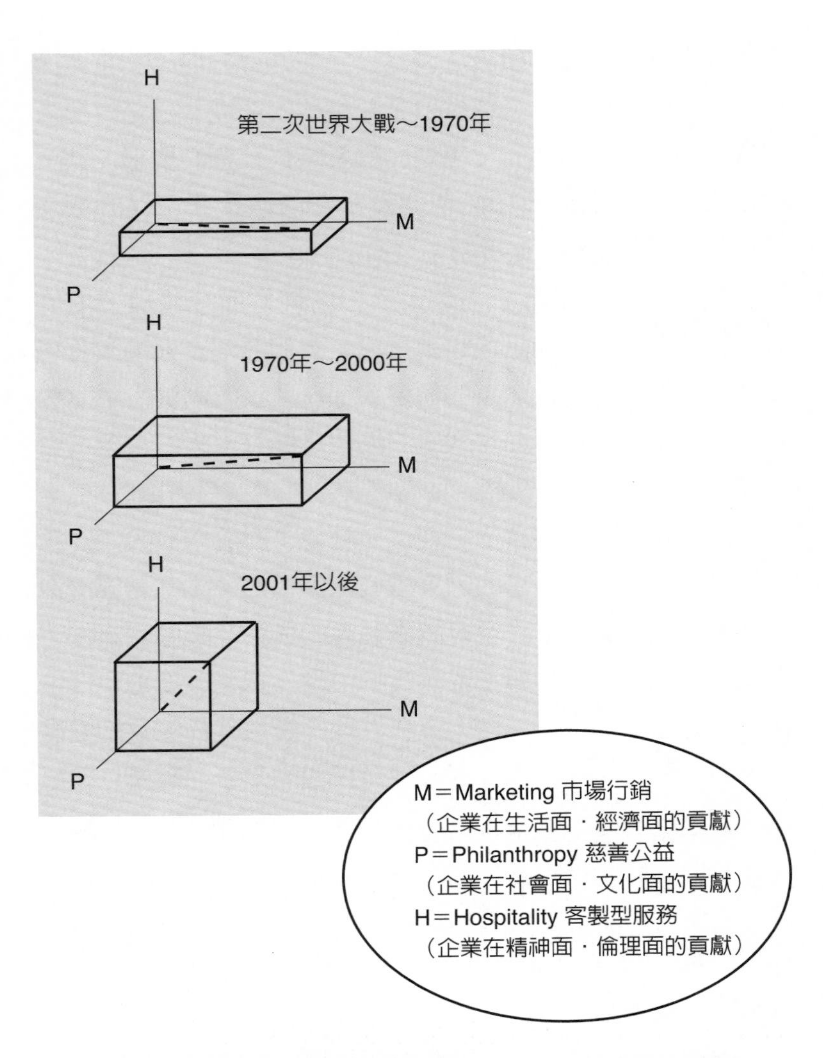

圖2-1　市場對企業寄予厚望的模式變化（向量的方向性）

資料來源：Y. Uragou 1994

慈善公益也成了滿足民眾在社會面、文化面需求的手段，可是，在精神面、倫理面的需求卻依然未獲得滿足。因此，今日企業必須在前述的兩項貢獻之外，同時思考客製型服務的問題，設法滿足社會大眾在精神面、倫理面的需求。

企業是社會的一環，它與社會上各行各業的大眾以及各機構間都有互動，而且，這些互動關係多半屬於對等關係，因此更應該彼此共生共榮。

爲了維持這種關係，企業在與對方接觸時，必須經常貫徹客製型服務精神（hospitality mind），其中，對於具客製型服務精神人員資質的掌握，當然也必須深加注意。

如此一來，今日的企業便可以在市場行銷、慈善公益、客製型服務三方面取得均衡。尤其做爲貢獻手段而言，我們認爲市場行銷、慈善公益、客製型服務三方面的均衡關係極其重要，這三項的均衡關係，我們稱之爲「MPH三位一體論」（取英文字marketing、philanthropy、hospitality字首），我們將這些關係，利用**圖2-2**來表示。

最近，企業不再只是以滿足顧客或是創造顧客價值爲手段，不再一味地只注重市場行銷，他們也愈來愈著眼於深藏腦海裡的客製型服務問題。

用「心」的時代是發展水平型關係的時代

截至目前，我們不斷地使用「客製型服務」一語，在此，有必要針對「客製型服務」一語的涵義及其出處做一

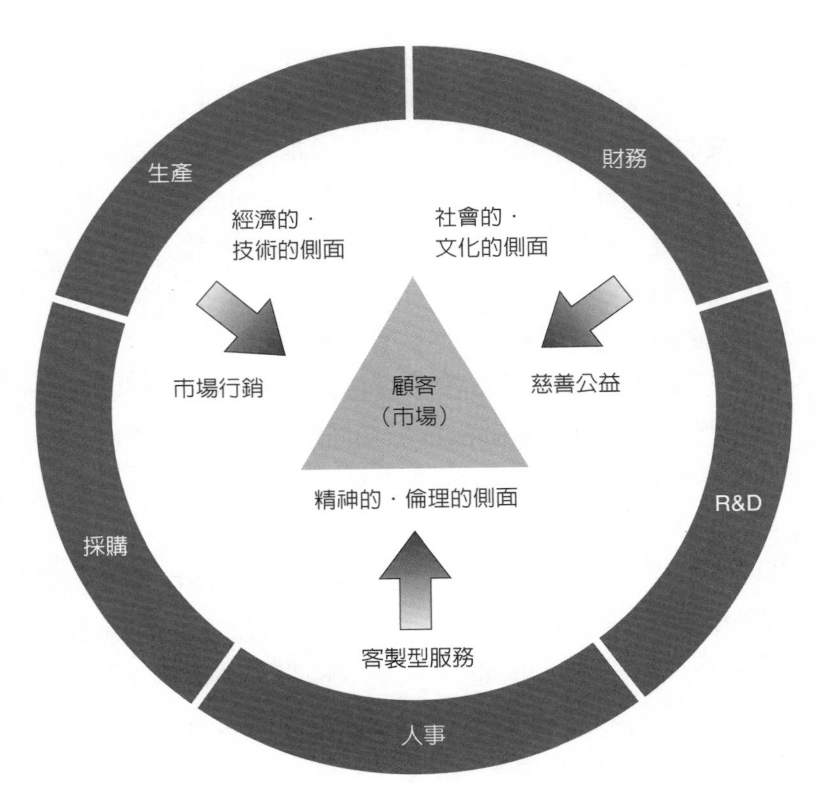

圖2-2　二十一世紀型企業的模範

資料來源：Y. Uragou 2001

詳細解說。「客製型服務」（hospitality）一詞出自拉丁語hospes（客人的保護者），意思是提供設備（或人員服務）者，必須給予利用者喜悅，把對方的喜悅當作是自己的喜悅，也就是說，雙方「分享喜悅」（shared rejoicing），雙方始終是對等的立場，彼此的關係屬於水平型關係。

衆所周知，日本社會是一個按照年齡或服務年資來做地位安排，所謂年功序列制度根深柢固的社會，它是一種垂直型的關係。日本人是一種對年功序列制度相當執著的民族，由於是一個非常重視長幼有序的國家，因此，人數只要有兩人以上，則一定是年長者居上位。日本社會就是按照這種順序來統理整個組織，倘若不是遵照這種順序來統理組織，那麼組織裡的人反而會感到不安或心生不滿。為了規避這些問題，才有重視年功序列制度的方案產生。

過去，在兒童的世界裡，年齡較長的孩子會和年紀較輕的孩子一起玩捉迷藏、打棒球的遊戲，而在這樣的遊戲裡，自然就會產生垂直的組織型態，年齡較長的孩子在組織裡擔負教導責任，統理組織。這種年功序列制度是自小養成的習慣，因此在領取零用錢或壓歲錢時，即使因年齡差異致使得到的金額有所不同，也不會有任何異議。

可是，最近的孩子卻只和自己同學年或是同世代的孩子玩，如今更是獨自一人玩遊戲或觀看錄影帶。他們享受個人的生活，覺得寂寞無聊時，就利用電子郵件或行動電話彼此溝通聯絡，這些孩子悠遊在以個人為重的水平關係的世界裡。

日本也不知從哪個時代開始，家庭中也形成了垂直型態的關係。家中地位，祖父母居最上位，其次是雙親，接下來是長男、次男依序排列，所謂長幼有序及男尊女卑的順序，始終是維持家庭秩序的重要法則。

日本式經營的特色是終身雇用、年功序列型態的薪資體系、稟議制度等等，這些都是為了確立企業內部的垂直型社會而構築的基礎；然而，今日的日本企業，垂直型社會這種典型金字塔型的組織開始崩塌瓦解，組織型態開始朝向水平關係，也就是平面關係發展。

在從垂直型社會轉移到水平型社會的過程中，過去以大眾為對象的社會也逐漸演變成以個人為對象的社會，而以硬體為基石的社會也逐漸轉變為重視軟體的社會。

最近，企業界使用的戰略有所謂的結盟戰略（alliance）、網路戰略（network）備受矚目。在市場逐漸萎縮的情況下，每家企業都深知單憑自身的生意事業、自身的商場知識，以及自身的歷史經驗是無法存活的。面臨如此窘境，他們開始和可以彌補自身不足的其他企業結盟，企圖開拓新商機。透過合併、技術合作、銷售合作等等，與其他企業保持良好關係，這是結盟的要點。這些同盟關係之間，彼此關係屬於水平關係，而非以往的垂直關係。

今日，所有組織似乎都從垂直型朝向水平型移動。備受海外批評的日本流通機構也一向都是垂直型態的社會。譬如汽車製造商，從零件供應商到銷售門市部，完全自己包辦，像是豐田集團對日產集團，類似這般的系列對系列的競爭，始終不曾停歇。這種情況並非只局限於汽車製造商，幾乎各行各業都有類似的情形。在金融機構方面，以三菱、住友、三井等這些過去的大財團為中心的一些集團，彼此之間也一直是處於垂直型的競爭關係；可是，時至今日，即使是金融業也必須透過結盟來構築水平型的社會關係。

在金融機構進行重新整編的情況下，合作或合併蔚然成風。今日，他們已從過去的競爭關係轉變成同盟關係，社會關係也從垂直型轉移到水平型的互助合作。

何以企業的型態會從垂直型轉移到水平型？要理解這點，首先，必須去瞭解供應型服務（service）與客製型服務（hospitality）的本質是什麼。但是，在這之前，必須先說明商品與供應型服務的關係。所謂供應型服務應當要視同商品一般來販售。一般而言，當提到「商品」一詞時，其實它也包含供應型服務在內。由於經濟學上所使用的商品貨物（goods）一語，就含有商品與供應型服務的意思，因此兩者未必需要加以區分。若硬是要予以區分，則商品可謂是有形的，而供應型服務則是無形的罷了。換句話說，供應型服務是一種無形的商品。

供應型服務與客製型服務的差異

供應型服務（service）一語源自拉丁語 servus（奴隸）一字，自此衍生出來的用語尚有servant（僕役）、slave（奴隸）、servitude（勞役）等用語。

就供應型服務一語而言，接受供應型服務的一方是主人，而提供供應型服務的一方是侍從。在此，主從關係異常清楚，侍從順從主人，主人才會滿意；可是提供供應型服務的人卻被當成僕人般對待，所以幾乎都會感到不滿。在供應型服務的世界裡，提供服務者與享受服務者經常都處於上下關係的狀態，亦即雙方的存在價值存在於垂直型的關係之中。

相對地，客製型服務（hospitality）源自拉丁語hospes（客人的保護者）一字，原本的意思是指寺院中留宿過往旅客或來朝拜的香客，並熱誠款待客人者。從這個字衍生出來的英文用語，經年累月，相繼有hospital（醫院）、hospice（招待所）、hotel（飯店）、host（主人）等字出現。從這些衍生出來的用語，我們可以瞭解到，那些設施（或人員）的提供者必須提供喜悅給利用者，並以對方的喜悅爲喜悅，雙方經常處於對等的立場，彼此的關係屬於水平型關係。因此，客人和主人經常是在彼此信賴、共生共榮的共同視點上，找到了存在的理由。

供應型服務事業，因爲是供應對方爲對方提供服務，所以提供者必須獲得相對的利益報酬。他們屬於弱勢的立場，如果得不到相對的利益報酬就無法生存下去，因此，站在提供者的立場，相對的利益報酬是供應型服務的目的。相對地，客製型服務，從一開始就不以相對的利益報酬爲目的，就算最後獲得了利益報酬，那也是結果而非目的，換句話說，那是來自小費或布施的利益報酬。

所謂供應型服務就是對主人提供服務的意思，因此，它的效率及合理性受到重視。低效率又欠缺合理性的服務，在利用服務的一方看來是廉價服務。因此，供應型服務事業，爲了要求效率及合理性，就必須製作商品使用手冊、說明書，商品規格也必須標準化及系統化，也就是要節省勞動成本（省力化）。相對地，客製型服務比較重視人的精神性、倫理性、文化性及社會性等方面，由於精神或個性等有關人性的方面比較受到重視，因此比較不會唯利是圖。

今日社會所需要的不是生存在上下關係裡的「供應型服務人員」，而是生活在水平型關係裡的客製型服務人員（hospitalian）。一般而言，「供應型服務人員」（service man）是指修理工人或配備負責人的意思，因此，筆者斗膽定義爲「具有供應型服務精神者」。至於客製型服務人員一語是筆者擅自創造的用語，其意是「具客製型服務精神的人」。

換句話說，就是貫徹客製型服務精神，並能夠分享與分擔對方的喜悅和痛苦的人。他們與顧客之間的關係也屬於一種可以彼此分享、共同創造的關係。在此，我將客製型服務精神定義如**表2-2**所示。擷取每個字的字首，正好串成HOSPITALITY MIND（客製型服務精神）一語。

眞正的客製型服務似乎可定義爲「犠牲自我使對方幸福快樂」。捨棄自身的幸福快樂卻謀求對方的幸福快樂，這豈是輕易辦得到的事？但是，若無法做到不求報酬、不顧自我犠牲，就不能算是眞正的客製型服務。

當一個人提供他人所謂客製型服務時，他本人應該是最快樂幸福的。可是，若說要犠牲自我才能辦到，那就不是眞正的客製型服務；因此，客製型服務必須是純淨、沒有雜質的。

有人說二十一世紀是機器傀儡（robot）的時代，英文

表2-2 客製型服務精神（hospitality mind）的涵義

Hearty	誠心誠意
Open	開放的
Soft-touch	溫柔的接觸
Polite	恭敬、鄭重
Identical	視對方為夥伴並予以認同
Thoughtful	體貼、周到
Attractive	吸引人的、深具魅力的
Liberal	能夠自由自在地表達感覺
Impressive	能夠感動他人、令人印象深刻的
Thankful	能夠表達感恩的心情
Youthful	朝氣蓬勃的
Mannerly	有禮貌的、客氣的（舉止行儀得體不造作）
Interested	具好奇心的
Neutral	中庸的
Delightful	能取悅對方

Robot 源自roberta一語，據說捷克語是「奴隸」的意思。美國作家艾席克．阿西莫夫（Isaac Asimov）就曾說過：「機器人，只要它於人類無害，那麼它對人類是絕對的順從。」

現在的供應型服務業，大都只在口頭上說說「歡迎光

臨」、「謝謝」、「下一位、請」之類的話，這種待客之道，會讓人覺得他們其實和無心的機器人沒有兩樣。他們說同樣的話、做同樣的動作來接待每一位上門的顧客，因此令人無法感受到溫暖的人情味。

以往，企業的經營模式都只注重市場行銷，現場的員工必須以組織規則或秩序爲優先考量，換句話說，他們不被賦予自由裁量權，因此，可說他們不過是服務機器人罷了。最典型的例子莫過於銀行及證券公司等金融機構的員工。他們排除個人的情感及判斷，只一味地從事追逐數字的工作，對顧客視若無睹，更遑論是臨場感十足的客製型服務了，在那裡，顧客接受的不過是冷冰冰的服務機器人所提供的服務而已。

機器傀儡型員工無法提供客製型服務

在無人工廠工作的全自動化電子機械，按照人類的指令，電腦被操控，夜以繼日，默默地在工作。這些機械，既不會喊累也不會說上司的壞話，只是默默地工作。

如今，不只工廠機械化，連家庭也開始機械化，機器傀儡遲早會變成家族成員之一。在居家治療或老人照護的領域裡，已經有人開始使用機器傀儡。據說獨居老人或精神病患自從有了機器傀儡（例如：機器寵物）相伴以後，不但情感變得比較豐富，連精神醫療上的效果也顯現了。

最近，新力及本田兩家公司所研發出來的機器人，具有簡單的人工智慧，表情也很豐富，跟它說話它也會做適度的反應。新力公司的機器人取名叫「愛寶」，據說是取自日語「相棒」（意思是「夥伴」）的諧音，並隱含有「愛的寶貝」的意思，也就是說，它永遠是好伴侶的意思。

然而，機器人終究是機器人，無論怎麼改良，它還是無法像人類那樣，提供客製型服務。針對這點，王宮飯店（Palace Hotel）的吉村一郎提出了他的看法。他說：「供應型服務業，最重要的事是從業人員要具備客製型服務精神（hospitality mind）。如果從業人員缺乏體貼與細心，即使工作的效率再高，充其量也只是一種勞力作業而已。作業行爲和服務行爲的不同，在於從業人員是否具備客製型服務精神。若不具備能令對方感動的貼心服務精神，再怎麼合乎禮節、做得再怎麼漂亮，終究只是動作而已，並非是客製型服務。從這個觀點來思考就會發現，許多大飯店及餐廳至今依然持續著機器傀儡般的服務作風。

吉村一郎還把供應型服務分爲三類：(1)不得不做的服務；(2)多少會照顧顧客，給顧客留下好印象的服務；(3)專業所提供的先馳得點的服務，並且是讓顧客眞正感覺到提供服務的一方設想周到、體貼入微的服務。

最近，筆者因事到九州去，投宿當地一家叫做「雲仙宮崎」的旅館。在那裡受到的款待及服務，令我印象深刻，至今依然無法忘懷。他們的服務可謂體貼入微、無微不至；一走進旅館房間，就發現不但有歡迎來客的留言，連迎賓的葡萄酒都已冰鎮在冰桶裡。

更令我感動的是，正當要鑽進被窩裡時，發現枕頭上有張便箋，上寫：「誠心獻上雲仙的草花，冀望能撫慰您旅行中的心境，並祝您好夢！」旁邊還擺了一支「杉葉藻」。真是體貼入微、設想周全，讓人覺得好窩心。

第二天早上，正要吃早餐的時候，又發現筷子旁邊有一張三公分大小的方形便箋，上頭寫著：「今日天氣，陰轉晴。祝您旅途平安愉快！」這又是一項窩心體貼的服務。

臨別之際，我想起了將棋名人大山說過的一段話。他說：「客人要回去時，在玄關送客的老闆娘及女服務生，只要顧客的車子一開走就立即閃人的是不好的旅館；如果她們一直站在那裡，目送客人車子離去，直到看不見車子才離開的就是好旅館。」

說聲「謝謝您的照顧」，出了旅館，等到快要消失在視野的那一瞬間，猛然回首，發現佇立在玄關的年輕女主人，正依依不捨地「傾身向前」，遙望著我遠去的身影。

客製型服務社會裡，人因使命感而工作

針對供應型服務（service）一語的涵義，遍查各種辭典，發現對它的解釋更是林林總總。舉凡差遣的地位（工作、義務）、傭工、雇用、軍務、兵役、照料、盡力、社會服務、伺候、接待、應對、義務勞動，以及有益社會的無形生產等意思，都包含在內（參考《廣辭林》三省堂出版、《角川國語大辭典》角川書店出版）。從這些涵義，我們可

以想像所謂供應型服務其實是含有義務的概念在其中，因為它是屬於在主從關係的意識下所行使的行為。從者對主人必須盡伺候的義務，所以當中並無使命感存在，從事不具使命感的工作，就不會產生有創造性的工作成果。

因此，企業組織裡，上司對部屬常是站在主人的立場，部屬對上司則是站在從者的立場，正因如此，站在從者立場的部屬是因義務感而工作。換成另外一種說法，亦即主人面對從者始終是處於優勢的立場。

換句話說，主人立場的上司對於從者立場的部屬，會要求工作的效率和合理性。於是為了要提升效率，就不得不節省勞動成本或進行重整，因為效率不彰者，在接受服務的一方看來是廉價貨。

若考量時間相對的成本，利用辦事效率高的部屬可以在競爭上取得比較優勢的立場，在主從關係下，採行合理主義是必然之道。能力強的部屬會因為辦事效率高而愈來愈受到重視，反之，能力較差的部屬會逐漸失去存在感。過去的企業組織一向奉合理主義為圭臬，按照能力的強弱來做地位的安排，因此就產生了垂直的人際關係。

類似這般，以往的社會建構在上下關係上，居下位者必須順從居上位者的指示，我們把這種現象的社會稱為「供應型服務社會」。在這種供應型服務社會裡，部屬必須伺候上司，他們當然就要索取利益。提供服務的人無法靠自己的能力賺取生活的糧食，所以利益對他們而言是生存上不可或缺之物。如果得不到利益，他們就無法獨自生存，因此，對他

們來說，職場是「獲得生活糧食的唯一場所」。

此外，在供應型服務社會裡，由於上司與部屬的關係屬於主從關係，因此部屬經常都是因為義務感而做事，他們永遠無法脫離上司的掌控。由於上司的想法或價值觀優先，所以，即使自己想要從事具創造性或是正確有效的工作，也會被限制。就算是已經做了，其貢獻成果還是屬於主人，想到這點，難免會意興闌珊。結果，能力強、效率高的人也會變成能力差、辦事效率低的人。

相反地，沒有上下關係，雙方地位平等，人際關係是水平型的社會，我們稱它為「客製型服務社會」。在這種型態的社會裡，透過彼此瞭解，相互依存，上司與部屬均以共生共榮為目標，雙方為了要共生，就必然會要求有效性及創造性。因為，如果無法經常持續去做正確有效的事，或一起開創新局，則共生關係就無法維持。

由於上司與部屬的關係是對等的，因此，才可以共同從事具有創造性以及正確有效的工作。換句話說，他們會肩負著使命感賣力工作。

願意提供客製型服務的人，會要求可以實現自我的職場空間

如前所述，在供應型服務型社會裡，因為經營上的必要所使然，一定會要求效率和合理性；相對地，在客製型服務社會中，創造性和有效性受到重視。在客製型服務社會裡，

即使提供服務者得到利益報酬，那也不是他們最初的目的而是最終的結果；因爲提供對方高品質或是超乎對方想像之外的服務，因而得到了利益報酬。對他們而言，最重要的東西是一個可以讓他們完成自我實現的環境，一個可以讓他們自由揮灑的舞台。

美國心理學家亞伯拉罕．馬斯洛（Abraham Maslow）在他的需求階段論裡提到：「人類的需求依需求的強弱程度，由下層往上層移動。」然而，想要完成自我實現的需求是永遠沒有止境的。

面臨客製型服務社會的到來，許多人對自己過去上班族的生活型態開始有了疑問。而如今，不僅是在自己的職場，包括家庭、社區、興趣或運動夥伴以及其他組織，他們都可以與其做良性互動，享受生活的樂趣。也就是說，他們想在自身的生活體系裡，滿足這些需求。

今日，經濟面變得比較富裕，他們已不再爲了工作而工作，他們想要做更有意義的事來貢獻社會。他們不再只是爲自己而活，他們也不排斥燃燒自己照亮別人，他們甚至會在自認「捨我其誰」的「天職」裡找尋自己生存的價值。他們希望站在顧客的立場，並按照自己的想法來做事。他們不再想當過去那種型態的受薪階級，他們想當一個專業的業務人員，做自己想做的事。

除了工作以外，可以使人感受到生存價值的，尚有其他許多東西。尤其是最近的年輕人，他們對有壓力的工作環境不感興趣，也不喜歡被捲入繁瑣複雜的人際關係裡，他們懂

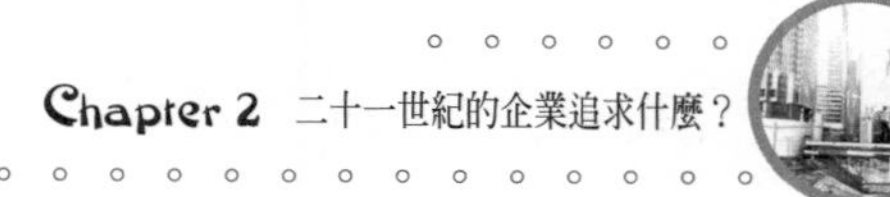

得保持一定距離，當一名旁觀者，縱使公司作風民主、上下左右關係良好，他們還是不會感到滿意。

因爲，他們最需要的東西是一個「可以完成自我啓發或是自我實現的場所」。在客製型服務社會裡，他們希望得到認同，自己的想法或意志可以在組織裡得到認同，在這裡，有效性和創造性比組織的效率及合理性更受到重視。對他們來說，職場是一個可以達到自我啓發或是自我實現的地方，他們想藉由工作來達成自我實現的理想，因此，他們希望可以在自己工作的地方暢所欲言、思想表達不受拘束。

在供應型服務社會裡，職場是唯一可以獲得生活糧食的地方，所以，如果失去這塊地方就無異是宣告死亡。爲了自身生活的保障，只好一直待在那裡工作；而經營者，相對地必須擔起責任，保證他們一輩子的生活得到保障，作爲員工奉獻及服從的代價。

爲了使經營者可以順利地得到員工的奉獻及服從，而員工又可以長期維持安定的生活，於是雙方之間就締結了長期的雇用契約。換句話說，日本的終身雇用制度可以說是「因爲必須存在而存在」。由此可見，供應型服務社會裡，勞資雙方的利害關係是一致的。

想要達成自我實現，必須有自由的職場環境

客製型服務社會裡，每個人都想找尋一個可以達成自我啓發或自我實現的職場；可是想達到這個願望，卻不一定需

要停留在同一職場。他們是貪得無厭的貪婪族，一項需求得到了滿足，就會想要去滿足下一個新需求，他們時常會爲了追求自我實現及自我進步而採取行動，因此，他們經常會朝向個人設定的目標，努力不懈。

在以往的供應型服務社會裡，每年四月是企業招募聘用新員工的時期，新進的員工集體搭乘輸送帶，觀摩學習，一起接受教育訓練。各家企業耗時耗力培訓員工，希望他們成爲適合自家體質的員工。這種劃一的人員培訓方式，可說既省時又省力，是最具效率的方式。但是，這種培訓方式，忽視了「個體」，因此，培訓出來的也只是適合在團體裡生存的普通人才罷了。

今日，社會轉型成爲客製型服務社會，那種培訓人員的方式顯然已經不合時宜，因此，企業方面也必須懂得配合「個客」的需求，雇用各種人才；受雇的一方，也不會局限於一定得在四月找到工作，他們把「就職」的場所，當成是一個可以達成自我實現的地方。他們比較喜歡無拘無束地、在適當的時期、在更優質的職場環境中去達成自我實現的理想，而不願意像過去那樣，因爲締結了終身雇用契約，使自己的行動長期受到束縛。 因此，自由打工的人之所以增多，也是因爲他們想尋求在時間、場所及機會各方面都更自由的雇用契約罷了。

職業棒球界常見的「自由契約」的用語，是指球隊一方可以片面解雇對方的意思。但是，客製型服務社會裡的「自由雇用契約」，屬於雇主和受雇者雙方同意下訂定的自由雇用契約。訂定這種契約，每一個僱用者都會添加附帶條款，而條款的內容也因人而異。

這種自由雇用契約，於雇主和受僱者雙方都有利，雙方都不會受到期間等的約束。這種跡象，已經透過契約員工制度、年薪制度，以及全年招募員工制度這些變化形式，愈來愈清晰、具體。

過去的雇用契約形式，彼此之間時常會發生不適任的問題（mismatch），有時候彼此的要求也無法達成共識。要避免這種不適任問題的發生，自由雇用契約是一種非常有益的辦法。而且，在今日這種經濟情況渾沌不明的狀態中，它還可以發揮緩和勞動供需均衡的效果。

最近，也有企業開始採行自由經紀人制度，在總公司和分公司之間進行人事交流。活用這種制度，不僅個人的意志得到尊重，員工的幹勁也會提升。筆者認爲企業界雇用人才的方式遲早會走上類似職業棒球界的自由經紀人制度一途。

過去的供應型服務社會，一般認爲企業的目標和個人的目標是一致的，在這種社會裡，個人背負著必須獻身企業的沉重義務感；可是，客製型服務社會裡，由於個人比企業更重視事業發展，因此，他們希望的工作是一種可以運用自己的個性特質、充分發揮能力、並且負荷又不會太沉重的工作。因此，他們不再像過去那樣「唯唯諾諾」，他們敢跟上司大膽進言，意圖發揮自己的影響力。如果情況不允許他們這麼做，那麼，他們就會跳槽去找一個可以容許他們自由發揮的職場，一個讓自己可以受到更多肯定、達成自我實現的地方。

由於他們專業意識強烈，所以他們把專心自己的工作當做是人生的最高價值，而且，他們會貫徹客製型服務精神，對於自己設定的目標，誓必達成。要說他們對企業有什麼期待，那應該就是希望企業可以提供一個讓他們實現自我又喚起幹勁的活躍舞台；那是一個提供他們身分、工作、權限、資訊等的自由職場環境，以及可以讓他們過一定水準以上生活的地方。如果這些條件都齊全，他們就會透過工作事業，努力去達成自我實現的要求。

Chapter 3

顧客需要的是夢想、感動，與幸福

供應型服務社會（傳統型態）	客製型服務社會（二十一世紀型態）
1.市場對象（顧客）	
大衆→分衆→小衆（顧客）	個人（個客）
2.與顧客的關係	
一對衆人	一對一
3.對市場佔有率的看法	
規模經濟（市場朝水平擴展）	範圍經濟（市場朝垂直擴展）
4.市場行銷手法	
仰賴市場詳細分類來做市場行銷	以個客為目標的市場行銷
5.生產製造方法	
現成的	量身訂製的
6.販賣的東西	
卓越的產品和服務	夢想、感動、幸福
7.標準化的內容	
標準化、自動化、系統化、省力化	個性化、多元化、高品質化、連帶組織化
8.顧客的意義	
主顧、交易對方	夥伴、同夥
9.顧客、員工、組織的關係	
產銷合作（co-operation）	與競爭對手合作（collaboration）
10.顧客冀望得到的	
利益	純顧客價值

活力旺企業會貫徹客製型服務精神

再來看看海外的情況，在供應型服務及殷勤待客兩方面均受到矚目的企業，當屬美國的北方風暴（Nordstrom）百貨和西北航空兩家公司。無論是以滿足顧客或創造顧客價值爲主題的演講或MBA課程中，或是有關市場行銷的書籍雜誌中，最常被引爲例證來做討論的就是這兩家公司。

從一家小小的鞋子專賣店起家的美國百貨公司——北方風暴百貨公司，何以會變成在美國國內及全世界都享有盛名的大型百貨公司？乃是因爲北方風暴百貨的創業家精神以及領導階層懂得賦予自由裁量權，他們堅守「顧客至上主義」的立場，才造就了今日的北方風暴百貨。

北方風暴百貨的員工，對來店的顧客，懂得掌握住「關鍵性時刻」去給予顧客夢想和感動，讓顧客在店內購物時感覺舒適，同時讓顧客沉浸在興奮愉快的購物氣氛裡。店內的氣氛是開放的、華麗的，現場的員工得到上級的全盤信任，欣喜地爲顧客提供各種服務。北方風暴百貨販賣的是方便與信用，就純顧客價值而言，它們提供的算是高附加價值的產品。

北方風暴百貨最了不起的做法，在於公司全體上下都非常重視與顧客相處時的「關鍵性時刻」，顧客的任何一項申訴他們都會迅速處理，他們重視顧客感覺的程度，由此可窺一斑。

他們這種殷勤體貼的服務態度，加上上級對現場員工的充分授權、重視員工的創造性及主導性，以及上級的客製型服務領導風格、提供顧客輕鬆愉快的賣場環境等等，這些因素將北方風暴百貨企業推上全美首屈一指的客製型服務取向的組織。

時常被拿來和北方風暴百貨做比較的是西北航空公司。從二○○一年九一一恐怖攻擊事件以來，許多航空公司都陸續陷入經營危機，只有西北航空的營運收益依然維持黑字。這家航空公司在三十年前以低廉票價的經營策略進軍航空業界，當時跌破了不少人的眼鏡。但是，它卻自入行以來，無論其他航空公司如何慘澹經營、面臨困境，它依然可以保持黑字。它的飛機機艙內座位全都是自由經濟艙座位，也不提供機上餐飲，可是，它今日在眾家航空公司之中卻最受矚目。

該公司不墨守成規，利用古怪的創意構想提供顧客夢想與感動。它們的員工擁有您意想不到的行動自由，因此，他們可以感受自己的生存價值而快樂從事。該公司的領導階層看待員工比顧客還重要，他們放任員工發揮想像力，讓員工的充沛精力得到紓解。公司裡員工的行徑可以用「瘋狂」、「異想天開」、「破天荒」、「打破傳統」等等來形容，可是公司方面對於員工們不合常規的舉動卻從不加以干涉。因此，無論何時何地，一逮到機會，他們就會開玩笑、說幽默笑話，旅客和服務人員就像是在看一部喜劇電影一般，享受著空中之旅。

在這種自由環境下工作的服務人員，可以盡情地發揮自己的能力與資源，自成一體。由於每個人都得到來自他人的信任，所以企圖心就會湧現，並且會更期許自我成長或自我提升。

北方風暴百貨和西北航空兩家公司就像這樣，一直都採取重視客製型服務的經營策略，唯兩者之間的差異是在於前者採行「顧客至上主義」，而後者則採行「員工至上主義」。另外，兩者之間的最大共同點是他們都把人性擺在第一位，可以說他們的共同價值觀是重視客製型服務、家庭主義、職場的樂趣、幽默感、愛情、勤勉、利他主義、尊重人性等等。

顧客和企業是一對一的關係

在客製型服務社會裡，組織內部的人員會產生自主性，並且會想要一個可以實現自我的環境。這種現象不僅發生在組織內部，也發生在組織外部。因此，在這一章特別著眼於企業外部的市場，這個市場也在急速地朝向客製型服務社會移動發展。

由於以往的市場規模相對較大，所以可以運用大眾市場行銷（販賣者把一種產品大量銷售給所有的購買者）或目標市場行銷〔販賣者把市場劃分成幾個部分，各部分採取一致的市場行銷組合策略（Marketing Mix）〕的手法，來滿足市場上的需求，販賣者與購買者的關係是一人對眾人的關係。

然而，如今市場成熟，一般大眾迫切需要的東西不復存在，顧客想要的是比較個性化或是與別人不同風格的產品。個性化的需求出現，「個人」的市場也應運而生，於是「個客」也就出現了。

對於今日的市場，我們無法期待它像過去那樣朝水平擴展。儘管市場上產品充斥，但顧客的需求是多元化的。在這種狀況下，想要擴展市場就必須深耕垂直型的市場，也就是「個人」的市場。譬如，就手錶來說，有休閒時用的、正式場合用的、運動時用的等等，一個人可以同時擁有好幾個手錶。就像這樣，今日市場的變動可說是相當劇烈。

據說大型的飯店一天平均有七千至八千名人的顧客上門，這也意味著飯店方面必須考慮到七千至八千種的接觸型態，也就是說，他們不是顧客而是「個客」。因此，面對形形色色的「個客」，如果不是眞誠以對，他們絕不會感到滿意的。

到飯店來的顧客，原本就目的不一，或和朋友會面閒聊、或休憩、或喝茶、或用餐、或住宿、或洽商、或談生意、或相親、或舉行婚禮、或舉行佛教法會、或舉辦同學會、或慶祝會、或成立紀念會等等，名目可謂是各色各樣；而顧客更是形形色色，包括男女老幼、各種國籍都有，他們的需求也是各自不同。儘管如此，飯店方面爲了滿足他們的需求，卻只將這些重要客人大略地加以劃分成幾種類別層級，然後採取對待目標顧客的模式來對待他們；也就是說，飯店方面只當這些客人是顧客，未將他們視爲「個客」。

針對形形色色的顧客提出的各種需求，如果不採取個別

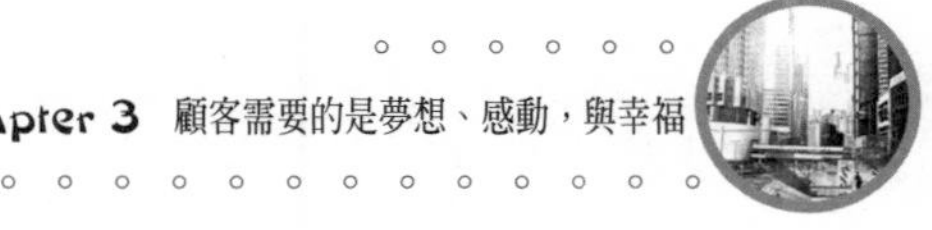

的處理態度，「個客」就得不到滿足。喜悅及感動的方式應該是因人而異，同一個人面對同一件事也會因時因地而感受不同，總之，人類的行爲是非常難用合理性來解釋。

我們所居住的社會，就如同裝在沙拉碗裡的生菜一般，是各種生菜混合在一起的人種大熔爐，外面市場、組織內部均是由不同性質的個人所組成，因此，無論是面對顧客或是員工的需求，都不該採取同樣、類似的處理方式，應誠懇地採取個別的因應之策。客製型服務社會中的組織，並非是由同性質的人所形成的，而是由一些擁有自主性而且各具特色的不同性質的個人所組成的團體，因此，處理「個人」的問題也就無可避免。

客製型服務社會裡，必須將精神貫注在單獨的「個客」身上，以獲得「個客的忠誠度」爲目的。這種作風和過去的做法比較，質量上的內容都大不相同。換句話說，在資訊科技時代，對於那些跨越國境而爲數衆多的「個客」，或許是數萬、數十萬，甚至數百萬的「個客」，也都必須採取一對一的原則來處理。

供應型服務社會的大衆市場行銷及目標市場行銷手法，是想要將單一產品販賣給某一階層的顧客，也就是在各顧客階層中，實施「地毯式的全面轟炸攻擊」策略；相對地，客製型服務社會中，必須瞄準「個客」，採行的是「命中目標點的攻擊」手段，而它的成敗端視於究竟能獲得多少顧客市場佔有率，並獲得多少淨所得而定。更愼重地說，就是必須重視與「個客」的關係，並且要鞏固夥伴關係。這也代表著過去因應市場細分化而實施的目標市場行銷模式已經落伍，而以「個客」為目標的關係市場行銷手法才是時代的潮流。

因此，企業也不得不注意到這一點而採取這種做法。如此一來，逼得企業不得不轉型，從「規模經濟」轉變成「範圍經濟」。今天，想要滿足每一名個客的需求，不是要去重視「產品的差別」，而是必須去重視「顧客的差異」。

市場變化依序是大衆→分衆→小衆→個人

從戰後的物資匱乏時代轉變成大量生產體制的時代，大量流通、大量販賣是必然的趨勢。這時，市場是大衆市場，除了將市場當成是同性質的市場以外，別無他法。若想在這樣的市場上啜飲一杯勝利的美酒，也只有降價與提升產品品質一途。

然而，在經濟持續成長的過程中，企業也逐漸注意到市場的異質性，於是必須調整營運策略，透過市場細分化，將市場需求分成不同的類別階層，再設法去滿足他們的需求。為了提高各階層的各種顧客的滿意度，不得不對市場的需求做更詳盡的分析，並採取多款式少量生產的策略。這種策略的變更，在某種程度上也確實滿足了顧客的需求。

在這當中，市場的對象從大衆到分衆、再從分衆到小衆，依此繼續詳細劃分下去，最後，市場的對象就會變成個人。這種情形，就好比是人生病的時候需要適合其體質及症狀的治療方式一樣，若要滿足他們的需求就必須提供量身打造的產品。

爲了滿足個人的需求於是採取量身訂製的方式，可是這種做法卻不符合成本效益。今日，企業面臨一個「不欠缺必需品的消費社會」，企業爲了生存不得不採取自衛手段，他們必須想盡辦法去滿足個人的需求，於是以「個客」爲對象的一對一市場行銷策略就應運而生了。

在現代的一對一市場行銷體制裡，「個客」和企業的關係愈來愈重要。當大量的產品流入市面，在物質方面的享受一旦不虞匱乏，那麼均質劃一的產品就再也無法滿足「個客」的胃口。在一個重視個人認同感的社會，消費者會需要比較個性化的魅力商品，就好像是量身訂製衣服一樣。換句話說，消費者的價值觀改變了，他們不想要到處都有的產品，他們需要的是個性化商品。

過去的供應型服務社會裡，即使是現成的成品也可以賣得很好，可是在客製型服務社會裡採行的卻是量身打造的方式。也就是說，對於「顧客」你只須提供一般的供應型服務（service），可是面對「個客」卻必須提供客製型服務（hospitality）。

在這種社會裡，就如同特別替個人設計建造的住宅一樣，消費者想要的是爲個人量身訂製的個性化商品。譬如日本的國際牌自行車，它利用電腦化的裝配系統，製造個人喜好的自行車。只要將與顧客的需求（自己的身高、體重、車的用途、喜歡的顏色、騎車地點的地形等等）有關的資訊提供給製造商，製造商再將這些資訊輸入電腦，交付電腦設計。如果顧客滿意設計出來的款式，那麼資訊就會透過伺服器被送到工廠，大約兩、三個星期後，符合顧客要求的自行車就會送到顧客手中。

類似這種情況的案例，現在是愈來愈普遍。話說汽車，一般認爲自從福特的T型車問世之後，民衆購買的汽車都是大量預估生產下的劃一車種。可是今日，汽車也可以配合顧客的荷包及喜好接受訂製。就舉三菱汽車工業製造的輕型小轎車（compact car）之一的「COLT」車款爲例，顧客透過外觀及座位等三十四個選擇項目的組合，可以有三億款的車型供選擇。顧客可以在這裡買到符合自己預算、意向並且自認爲適合的好車。如此一來，製造商也不必像過去那樣大量預估生產，更不必擔心庫存的問題，並且，顧客還可以乘坐符合自己要求的汽車。

另外，化妝品也可以要求調配個人喜歡的香味，如今顧客已經可以買到世界上獨一無二的香水。今日，賣方與買方的距離愈來愈近，許多產品都可以透過電話或網路，依照個人意願要求訂製；而製造商只要將「個客」的訂單集結起來，就可以從事「個客訂單的大量生產」。

甚至，建造房屋、大廈出售的情況也一樣，銷售的已經不是成品屋，而是在建造過程中就配合顧客的意願來做房間配置及裝潢。製造商的這種舉動，使得一對一的市場行銷愈來愈重要。而想在一對一的市場行銷有所斬獲，就必須有爲數衆多的「個客」來共襄盛舉。在雙方交涉的過程中，「個客」與銷售員之間會產生許多次的「關鍵性時刻」，在這種情況下，彼此之間就會產生共鳴或共同創造的機會。想要讓這樣的機會開花結果，客製型服務所發揮的效果相形之下也日益重要。

「個客」更需要客製型服務

當我們到適合全家人一起用餐的餐館時，常會遇見這樣的情況。就是店內明明還有其他空位，可是店裡的服務生卻要求我們坐到他指定的一定位置，他們提供給客人的服務充其量也只是最基本的服務而已。站在他們的立場，這麼做讓他們方便上菜，餐後的清理也比較省事；可是他們卻完全忽略了顧客的立場。服務生或許沒有特別的惡意，但是顧客心裡感受的卻是冷漠的服務品質。服務生將上門的客人當成「顧客」來對待，他們沒有察覺這些客人是「個客」。

這些服務人員看不見、也不懂、更體會不到什麼是客製型服務，是一群看不見「個客」的人。今天，對象如果是「顧客」，用簡單粗糙的方式來對待他們或許可以，但是對方如果是「個客」，就必須視其個人喜好，提供適切的商品（包括客製型服務）。

如果是在便利商店或超市販賣的商品，或許也有可能利用機器傀儡來製造；但是，「個客」需要的東西，就無法委任機器傀儡或機器人來做。設法取悅「個客」，讓他們感覺窩心，是客製型服務社會裡基本的售貨態度。

二〇〇二年二月開始日本的計程車業開放自由化。前幾天，看電視時還看到計程車公司改善項目宣導的短片，譬如車內備有雨傘的塑膠套袋、女用的小鏡子等，甚至還提供手機的充電器；其中也有供應口香糖或糖果的，更講究的還有人將車子換成積架車，或是把車體噴上黑色烤漆，意圖給顧客一種優越感的享受。諸如此類，項目可謂不勝枚舉。

服務項目改善，顧客的乘車率是否就提升了？我們搭乘計程車時並無暇去追根究底，因爲我們根本不在意自己搭的究竟是哪一種廠牌的哪一款車。我們想要購買的商品並不是車子，而是供應型服務或客製型服務而已。計程車業者依舊認爲「自己的工作就只是在運送活生生的貨物」而已。類似這樣的想法並不只限於計程車業，如今，日本的服務業，幾乎全都像金太郎棒棒糖每一支都等質等量、大小相同的情況一樣，還停留在過去的模式裡無法跳脫。

針對這點，京都的MK計程車公司的老闆青木定雄所採取創新的經營模式頗有獨到之處。但是，當我向他討教時，他說：「常識以外的事，我都不考慮。」意思是他樂意傾聽顧客的申訴，並且迅速改善情況，因而和改革搭上了線，最後導致該公司做了以下的經營改革。譬如「謝謝運動」、「將計程車還給市民運動」、「肢體殘障者優先乘車」、「救護計程車」、「車資降價官司勝訴」等等。原來顧客的申訴中隱藏這這麼多的暗示，而這些暗示卻意外地改善了經營的狀況。令青木定雄感到不解的是：「這種常識爲什麼大家都不知道？」

最近，所有企業都在重新評估經營的問題，於是企業合

併、合作也正如火如荼地進行。也因爲這個契機，所以組織也在不斷重整。然而，仔細一看，卻是換湯不換藥，不過是換個招牌、改變一下組織的型態罷了。反倒是因爲合併或組織的改組導致服務品質下降的情況時有所聞。我時常聽到顧客申訴：「服務品質下降了」，這個結果正好和改革背道而馳。

再者，銀行因爲呆帳的處理問題成爲民衆指責的對象。但是，銀行要處理的問題並非只有呆帳的問題。從服務品質的角度來看，日本銀行的經營距離世界級的標準相去甚遠。舉例來說，要開立一個存款帳戶需要做身分比對及印章，要匯款海外或兌換外幣存款時，手續也相當繁雜。銀行的行員和一般大衆之間的意識及感覺的距離過於懸殊，只要行員變成是追逐數字的機器人，顧客對銀行的信賴感就永遠不可能恢復。不受民衆信賴的銀行當然賺不到錢，只要銀行的經營管理者和行員的意識及感覺繼續與一般大衆保持距離，那麼銀行就什麼也不會改變。

一般來說，組織的管理者及從業員大概連供應型服務和客製型服務的差異何在都弄不清楚。飯店、餐館、旅行社、醫院、金融機構、行政機關等等，無論何處，情況都差不多。

針對這點，摩斯食品的創辦者櫻田先生的一席話，一語中的。他說：「在我們的食品服務業裡，客人上門、用餐，餐後要離去時，每個人的臉上都因爲食物好吃而露出滿足的笑容。聽到客人讚美：『眞好。很好吃！下次再來。』這樣的鼓勵，會讓我們更生出活力來面對明天，我希望我們的食品服務業是創造這種活力的場所，這就是食品服務的使命。我覺得人類做了許多了不起的事，也覺得很光榮。帶著熱情意圖打拚的精神，會將人的力量激發出來。」這正是客製型服務社會必須有的基本概念。

銷售夢想、感動，與幸福的企業可以存活

我們的人生如朝露，稍縱即逝。因此爲了享受片刻，我們會去餐廳用餐。我們在餐廳買單的除了餐飲之外，還有休憩和交流。可是許多餐廳只一味注重調製好吃的佳餚，而忽視了顧客的滿意度及價值創造。換句話說，他們一點也不重視應秉持客製型服務精神來對待顧客。

INAX的伊奈輝三說：「夏天想要涼快，冬天就想要暖和，尋求這種身體上的舒適感，無論是人或動物都一樣。但是，人類在生活中需要的東西並不只這些，還需要心理上、精神上的舒適感，以及心靈的安樂或舒暢。」

BANDAI（萬代）集團的名譽董事長山科誠也曾經告訴我玩具的眞正意義。他說：「玩具這種東西，簡單地說，它不是生活必需品。那麼又爲什麼說製造玩具也算是貢獻社會，或許有人不禁會存疑。那是因爲玩具給予孩子夢想。至於父母親爲什麼要買玩具給小孩，那是因爲孩子會高興並且樂在其中。父母親希望看到孩子快樂高興的樣子，所以買玩具給孩子。小孩子高興或是父母親高興、感動他們、使他們

得到快樂幸福，就是我們賺錢的法門。總而言之，玩具是創造夢想的工具、道具。」換句話說，BANDAI販賣的不只是玩具這種卓越產品或服務，它們還是一個販賣夢想、感動，與幸福的企業，而且還是個徹底瞭解客製型服務本質的傑出企業。

到海外旅行時，從不曾想過自己搭乘的飛機是屬於什麼機種，因爲我們不會去在意它的機種。我們在意的是航空公司提供的貼心服務或是殷勤的款待。說得更正確一點，我們想購買的不是最新銳的機種，而是航空公司提供的夢想、感動，與幸福快樂。

在餐廳用餐或住宿飯店時，注重的是自己究竟在那裡受到何種待遇？還有，發生問題時，他們的因應態度如何？這時候，他們的待客之道就成了顧客感受快樂與不快的緣由了。顧客眞正想要的是附加在產品上的貼心款待的服務品質。用眞心誠摯的態度來服務顧客，顧客得到的美好印象，日後也會成爲心中難忘的回憶。

過去，許多餐廳在激烈的競爭社會中，也透過各種努力，將餐廳的經營企業化。最具代表性的就是透過中央廚房體制，將料理調製標準化、自動化、系統化等等。他們不僅加強食物新鮮度的管理，還建構了一套因應食材特性的物流管理體制，以促進省力化及合理化。這麼做，除了要爲顧客提供優質又便宜的產品之外，也是爲了提升對顧客的服務品質。他們確信只要提供優良的產品及適切的供應型服務，顧客自然就會上門消費。

日本的肯德基炸雞前任社長大河原毅說：「外食產業是以人為對象的事業（people business）。」他又說：「為了方便而不斷地系統化，最後連人的溫情、手的溫暖都不見了，這可不行。」

不久以前，食的安全問題被放大檢視。SKYLARK的橫川端以前曾經針對餐廳的安全性問題，提出他的看法。他非常自豪地說：「這是安全感的問題，我們公司非常注意清潔，不管是肉眼看得見或看不見的，都必須徹底檢查，包括會危害人體的東西，像是細菌之類的問題也必須檢測。我們延聘醫學博士來監督大約有五十名員工的中央廚房，他們除了負責檢查所有的食材之外，還得到店裡去做突擊檢查。從砧板、桌面到廚師的手，都必須一一檢查。」他接著又自信滿滿地說：「我們絕不使用添加防腐劑、著色劑的材料。」總之，他認為餐廳業是一項攸關人命的事業，因此，絕對不可輕忽清潔感和倫理觀。

客製型服務，它和人的精神及倫理有非常密切的關係，而且也只有人才能提供客製型服務。任何一種行業都是靠人與人的連結才成立的，而要打動人的心，也只能靠「看不見的神力」──精神。經營飯店、餐廳、旅行社及證券公司的業者，最應該注意的不是販賣應有的供應型服務，而是如何全心全意地去投入一項「與人有關的事業」。因為他們不是在銷售傑出產品，而是在販賣眼裡看不到的供應型服務或客製型服務。

想要個性化、多元化就必須創造夥伴關係

市場愈來愈走向個性化、多元化、高品質化。對顧客來說，只要他們沒有即刻的需求，卓越的企業就會憑著它敏感的嗅覺，企圖在比較人性化的產品中去發現意義。企業還提供顧客前所未有的嶄新價值，目的是想要讓顧客滿意，並長期得到顧客的青睞，而要達到這個目的，就必須加強企業內部和外部在人際關係方面的精神上的聯繫。

今日，許多企業在這種變動的潮流中，企圖建構一個自己專屬的企業資產叫做客製型服務組織網（hospitality network）（不單指人的聯繫，更重視人的「心靈」聯繫的組織網）。這個組織網由企業、顧客、員工、股東等所有利害關係唇齒相依的人所組成。但是，要讓它成爲企業有意義的資產，單憑獲取顧客資訊或是維持交易關係是不夠的，還要保持精神上的聯繫。在今後的客製型服務社會裡，唯獨背後有組織網提供精神上支援的企業，才可以得到勝利女神的眷顧。

OLYMPUS光學工業的下山敏郎曾指出：「在這衣食無缺的時代，就會要求恢復『心的權利』。目前的社會狀況是心靈空乏，世紀末的、頹廢的現象接二連三發生，很多人都不知道在何處才能找到眞正的生存價值或人生意義。」

正因爲社會的現況是如此的令人憂心，企業更不能不意識到與顧客之間的精神聯繫。因此，現場的工作人員必須重視與顧客之間的交流溝通，希望能與顧客產生共鳴或有共同創造的機會，一直努力不懈。具有客製型服務精神的人，必須是待人和氣、愛惜物品、對於自然的恩賜常心存感謝的人。這樣的人即使被賦予自由裁量權，也絕不會公私不分，對自己的言行不負責任。他們是全身都充滿客製型服務精神細胞的人。

麗池卡爾登飯店（The Litz–Carlton）曾兩度（一九九二年和一九九九年）蟬聯美國國家經營品質獎（The Malcolm Baldrige National Quality Award），該獎項是頒給績效優異和經營管理品質提升達到標準的企業。該飯店的「我們的信條」（our credo）上明載著「款待紳士淑女的我們也是紳士淑女」，他們將這句話當成是他們的座右銘。

而且，他們也時時不忘「提供客人貼心的服務和舒適感」、「為了讓客人能夠經常沐浴在窩心、舒暢並典雅的氣氛中，必須提供最佳的個人服務及最好的設備」、「客人所接觸到的事物，都會令他們充滿愉悅感、幸福感；客人未說出口的意願或需求要事先察覺並妥善因應」等等。該飯店正是「客製型服務取向組織」的典型。這裡所說的客製型服務取向組織，是指公司全體上下都貫徹客製型服務精神來經營管理的企業，是從經營理念開始，到經營管理策略、組織等，都積極地實踐客製型服務的企業。

客製型服務社會裡，企業和顧客的關係原本就必須是以心來結合的最佳夥伴關係。員工為了顧客的事，可以跨越部門，並會絞盡腦汁設法解決。他們和顧客一起思考，必須替顧客找出最好的解決方法。但也不可以因為顧客是夥伴，所

以就言聽計從。

通常，幾乎所有的顧客都不會覺得組織對他們有什麼恩惠。但是，如果對方是個態度殷勤、熱誠體貼的服務人員，那麼客人與服務人員之間就會產生夥伴關係，彼此之間也會有共鳴。也就是說，他們彼此之間已建立起個人的信賴關係。那也意味著顧客對於某一特定的服務人員表示了他個人的忠實度。

總而言之，今後是「個人」的力量大放光芒的時代。客製型服務人員必須是一個能大公無私地處理問題，並可以經常提供「個客」夢想及感動的人。而且，對於和自身無直接關係的事務也不能毫不關心。他們自始至終都要以無私、不貪婪、心無旁騖的態度，來和顧客一起思考如何創造價值。

和顧客融為一體共創雙贏局面

今日，我們的物質生活可以說相當富裕，與食衣住行有關的所有商品，都可就近取得。我們可以在便利商店買到零食餅乾，也可以在漢堡店以便宜的價錢買到好吃又營養的食物。口渴了，還可以從附近的自動販賣機買到自己喜歡喝的飲料。過去的供應型服務社會，企業傾全力製造商品提供顧客，滿足了顧客在生活上、經濟上的需求。

對於這點，OMRON軟體製造公司的立石信雄提出了他的看法。他說：「企業的理論和社會的常識之間有落差。」譬如無視商品的生命周期，過度地更換產品款式型態，以及造成交通阻塞或空氣污染的製造方式等等（Just in Time）。有人批評製造商不把商品存放在倉庫裡，卻堆在貨運車上四處載運，把馬路變成了倉庫，加上零件交貨都有一定的期限，貨車跑來跑去，汽油的耗損量增加，空氣污染的情況也就愈加嚴重。

過去，企業打拚的方式如同雙刃劍一般，或許可以痛擊競爭對手，可是自己也受了重傷。這些企業雖然明擺著顧客取向的姿態，但是，今後會在市場上消失的企業，竟是這些被顧客放棄的企業。而如今仍有許多企業已被顧客放棄，一步步邁向衰退的窘境卻不自知。「顧客是最佳的事業夥伴」，持有這種想法的經營管理者，日本國內究竟有幾人？花王公司的丸田芳郎曾說：「我們公司上下全體員工，日夜都在思索該如何做才可以提供民眾日常生活最好、最真誠的服務。要維持這種動力，需要很多人的支持鼓勵。也就是說，對於該如何提供一般大眾最佳品質的服務，我們可是全神貫注、殫精竭慮。還有，我們採取不與同業競爭的態度，這也是公司最重視的一點，因爲如果我們意識到必須與同業競爭，就很有可能會忘記一般大眾或生活的存在，導致經營偏離了正軌……我們不希望因必須與同業競爭而分心，我們希望每一名員工在專注自己工作的時候，都能得到神賜的智慧，再將每個人的智慧集結起來並凝聚成力量，然後靠著這股力量創造新產品，如此才可以得到一般大眾的愛顧與支持。最後，市場佔有率自然就會上升，可是，那不是我們的目的。」經營者將他的這種精神理念傳達到組織的每個角落，使得公司上下一心，花王公司堪稱是徹底貫徹客製型服務精神的了不起企業。

企業和顧客共生的意思是「共同勞動體」（collaboration）的意思。必須先有這樣的想法認識才能創造顧客價值；相對地，「合作組織」（co-operation）這句話，它的意思只及於和組織內部員工的合作關係；可是，「共同勞動體」則涵蓋了必須和組織外的顧客也採取合作關係的意義。

從之前敘述的MK計程車公司的案例，我們可以理解到顧客的抱怨不僅是對企業提出建議的暗示，也是身爲「共同勞動體」的一員參與的型態之一。因此，企業組織內必須建構一個因應體系來接收顧客的申訴，並迅速地給予處理。就MK計程車公司的情形而言，顧客的申訴可以直接上達最高層，高層則透過無線通訊當場指示改善辦法。

二十世紀飯店業界最成功的一人，當數美國的馬里歐特（John Willard Marriott）。據言他生前常說：「市場（顧客）告訴我們許多事，再也沒有比傾聽顧客的聲音更好的暗示了……而且，我們珍惜員工，員工也會珍惜我們的顧客。」馬里歐特對待員工就像對待自己的家人一樣，他和員工平起平坐，態度和藹可親。他也從不吝嗇協助員工、理解員工，把和飯店客人的人性接觸視如珍寶。他的這些作風，顯示他懂得如何利用和顧客的互動來創造雙方的價值，在當時已是一位出色的客製型服務領導者。

二〇〇二年，原辰德開始擔任讀賣巨人隊的總教練。該支棒球隊的前任總教練是擁有大批球迷、在日本職棒界享有盛名的長嶋茂雄。因此，年輕的新總教練就任之初，大家都很擔心他究竟能否勝任。然而，球隊卻在他的帶領下，勢如破竹，一路得勝，最後榮登日本第一的寶座。讓原辰德醉飲勝利美酒的不是因爲他過去的實績，而是他慧眼獨具，知道如何讓新舊選手發揮各自的潛力，並且巧妙地將它們融合在一起。他不僅強化了球隊的體質，對待球迷也很和氣，他使棒球比賽變成有趣的比賽。

原總教練常說的一句話是：「擁有球迷的職棒」。他努力使選手及球迷雙方都情緒高昂，並結合成一體來強化球隊的力量。球隊是球隊老闆、教練、選手及球迷所組成的「共同勞動體」。因此，球迷必須是球隊的最佳夥伴。對於這點，原辰德知之甚詳。

從以上的這些例子，我們不難瞭解到一點，就是在客製型服務社會裡，組織爲了進化，必須將顧客也納入「共同勞動體」體系中。雖然過去的供應型服務社會中只把顧客當成主顧或交易對象來對待，但是，在客製型服務社會裡，卻必須視他們是共創事業的夥伴。也就是說，與顧客一起共同創造顧客價值。從事企業工作，還有什麼比創造所帶來的喜悅更甚者？

顧客中也常會有人提供一些重要的構想或暗示。他們不但可以替組織帶來新的價值，也由於他們在朋友或家人間口耳相傳，間接地替組織開拓了新的客源，成了組織的活廣告。

顧客要的是「純顧客價值」

今日社會是一個「不欠缺必需品的消費社會」，今日也不是一個只是商品便宜就一定暢銷的時代，更不是只要品質好就一定會得到消費者垂青的時代。因爲，即使品質好，市面上也會迅速地普及化，就再也引不起消費者的興趣了。一般大衆的需求極其多元化，食衣住行等的生命周期也明顯地起了變化，從對家人的生活、興趣、健康，以及對環境的考量，到對商品及服務的需求也愈來愈多元化。

在供應型服務社會，許多人都認爲只要開發的產品符合顧客所要求的利益，顧客就一定會上門購買。舉個牙膏的例子來說，有的顧客需要防止蛀牙的、有的顧客需要美白牙齒的、有的顧客需要芳香口齒的、也有只要求價格便宜的，於是企業便將這些需求不同的顧客群分門別類，推出各種符合各類顧客需求的產品，然後展開市場行銷的攻勢。

但在今日這種成熟的社會，各種商品及服務到處充斥，顧客經常都會面對許多可以滿足自己需求的產品或服務。在這種「不欠缺必需品的消費社會」，如果我們是消費者，面對如此衆多的產品及服務，我們又該如何去選擇？

一般顧客都會選擇提供自己最大價值的企業產品或服務。被稱爲現代市場行銷之父的菲力普．柯特勒（Philip Kotler）將顧客因爲購買而獲得的最終價值稱爲「純顧客價值」。它是從總顧客價值中扣除總顧客成本的所得價值。所謂總顧客價值就是顧客從產品、服務、人員、印象感覺中所得的價值；而總顧客成本則是指金錢成本、時間成本、精神成本、心理成本等等。

顧客經常會把總顧客價值和總顧客成本來做比較，再核算最終到手的純顧客價值是多少。最後，他們會選擇提供自己最大純顧客價值的企業所供應的必需品或服務（**圖3-1**）。

顧客就像這樣，他們會選擇純顧客價值高的產品或服務，說得更具體一點，顧客在購買產品時，不是因爲物美價廉就會買。賣方的長期友情，販賣商品現場服務人員的親切態度、甚至許多無形的因素等，都是影響顧客買或不買的重要因素。

因此，在客製型服務社會裡，會更重視顧客可以獲得的純顧客價值、滿意度，以及客製型服務的品質等。故而無論製造商投入多少資金、殫精竭慮地製造優良產品，只要它在市場上不受顧客歡迎，那它也就形同垃圾而已，顧客是商品命運的最後審判者。

由上述種種，可見企業不應該再把重點放在物美價廉的商品及服務的製造上，必須著眼於看不見的無形因素。換句話說，他們應該在提供客製型服務方面多費心思。

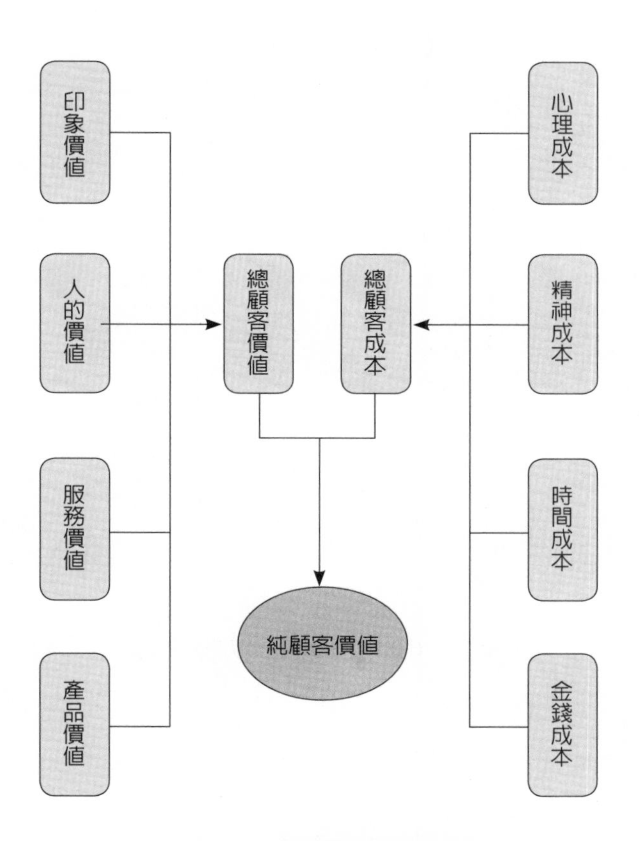

圖3-1　純顧客價值的構圖

資料來源：P. Kotler & Armstrong, "Principles of Marketing", 2001, p.669

Chapter 4

何謂企業的「無形資產」？

	供應型服務社會（傳統型態）	客製型服務社會（二十一世紀型態）
1. 企業重視的資產	財物資產（土地、建物）、金融資產（現金、存款、有價證券）、庫存資產等等	無形資產（顧客忠誠度、企業品牌、員工、組織文化等等）
2. 對顧客的認識	僅限一次消費的顧客（短期的）	終生顧客（永久的）
3. 企業品牌的意義	促銷手法	企業資產
4. 對員工的想法	公司牛馬（社畜）、企業戰士（百圓打火機）	內部顧客（夥伴、合作）
5. 組織文化	維持現狀	打破現狀
6. 決策風格	由下而上（bottom up）方式	夥伴加入（partner access）方式
7. 決策速度	緩慢	快速
8. 資訊的質與量的比重	量＞質	量＜質
9. 資訊的意義	傳達資訊（接收）	創造資訊（發訊）
10.資訊的歸屬	獨佔或寡佔	共有

「無形資產」未編列於資產負債表上

面對客製型服務社會的來臨，顧客與員工的價值觀、思考模式正逐漸產生急遽的變化。在正視此一環境變化之際，我們對於企業的評估、認識等都必須要有所改變。

以往我們在評估企業時，通常都強烈地傾向於將問題焦點放在資產負債表上。購買股票時是如此，企業合併時、收購其他企業時更是如此。但是，在商業行爲中，我們更應該重視的是未刊載於資產負債表上的無形資產。

不過，所謂受世人矚目的企業，以往都是指那些在結算損益公開說明會中公布之財務報表上所列數字（如經常利益、純益等）較前年度同期有顯著改善的企業。對於這樣的情形，一則以喜，一則以憂。但是，以今日的觀點考量，這些數字究竟隱含著何種意義呢？應收帳款、應收票據等，都可能淪爲無法回收的資產。另外，股份、土地建物等資產也遲早會折舊、變成不良債權（呆帳）等，而可能成爲喪失價值的資產。

一般所謂的企業資產，包含流動資產、固定資產、存貨資產等。細加思量，這些資產價值實際上只是一些不可靠的數字罷了。即使有再多的土地、建物，或者豐厚的資金，如果沒有顧客的存在，企業隨時都有可能必須面對處理燙手山芋的困境。

總而言之，企業如果沒有「顧客資產」的存在，就無法持續經營。這種情形不僅限於營利事業。醫院如果沒有患者、學校如果招收不到學生，很明顯地，未來前景堪虞。宗教團體如果無法吸收信衆，或者主題樂園如果沒有再度光臨的顧客，這樣的組織隨時都有可能面臨崩塌瓦解的危險。此一「無形資產」，也就是顧客的忠誠度，對於包括企業的所有組織而言，絕對是重要的資產。而且，如果顧客也能夠成爲終生顧客的話，他們對於企業而言，將會是最重要的資產。

在客製型服務社會裡，應將重心從土地、建物，以及股份等，轉移到以往較不受重視的「無形資產」上。理由爲何呢？以下幾項背景是其主要原因。

1.泡沫經濟幻滅以後，土地、建物、股票、債券等資產價值下降，大家對有形資產、金融資產的信賴感逐漸喪失。
2.世人關心的範疇逐漸轉向精神、健康、休閒、藝術、文化、環境等無形的層次上。
3.顧客與企業之間價值的共有，以及夥伴關係（partnership），較以往的要求更高。
4.企業在面對未來是否得以存續的問題時，企業所擁有的「智慧價值」具有重要意義。
5.速度的經濟性，其重要性更甚於以往。
6.應具備順應客製型服務社會的新式領導風格。
7.社會對於經營者的精神面或倫理面的監督，更趨嚴格。

基於上述各項原因，客製型服務社會的企業資產，與以往一樣之外，應將下列的資產也列入價值的評價基準項目。當然，我們並非不重視財物資產或金融資產。

1.財物資產。
2.金融資產。
3.顧客資產。
4.企業品牌。
5.人力資產。
6.組織資產（企業文化或經營者的資質）。
7.資訊。

所謂資產，由貨幣性資產與非貨幣性資產所組成。前二者（1與2），係指過去型態之貨幣性資產。後五者（3至7），則是應該新加入的非貨幣性資產。以往的重點則是放在前者之貨幣性基準上。

但是，近來市場關心的已由物質或金錢轉向人員或資訊的價值，由此觀之，重視票面金額的貨幣性基準，並不太切合時宜。最近廣受矚目的則是人力資產、企業品牌等新價值。另外，也有依企業屬性的不同而採用其獨自的基準。例如：麥當勞就非常重視Q.S.C.& V.（分別是品質、服務、清潔與價值的英文字首）。這意味著評估企業時，僅憑貨幣性基準是不夠的。

戴姆勒．克萊斯勒（Daimler Chrysler）日本公司前任執行長萊納．楊（Rainer H. Jahn），曾就有關無形資產的重要性，提出了他的看法（參考《日本經濟新聞》二〇〇二年四月三十日晚報）。

「綜觀馳名世界的日本企業，其經營手法並非以效率、利益爲優先，而是將焦點放在顧客身上，以提高顧客滿意度爲第一優先。日本商業的風格眞正最特殊傑出的地方在於提升企業價值，也就是提升無形資產的價值……創造與顧客之間的夥伴關係，藉由這樣的事業夥伴關係來提高顧客的滿意度。這與提高利益、以結果爲第一優先的歐美商業，形成很好的對照。這種做法，乍見之下好像是在繞遠道而行，但它其實是邁向長久成功的捷徑，日本商業的這種風格，讓我感受到歐美式經營手法中所欠缺的可能性……」

另外，美國著名的企業管理顧問卡爾．阿爾布雷特（Karl Albrecht）主張：「這是決定企業成功或失敗的重要項目，也是現行會計制度中從未加以重視肯定的項目」（參考卡爾．阿爾布雷特著，仁科慧譯《無形的顧客》，日本效率協會，一九九一年，頁四七至五一）。他稱之爲「無形的資產」（invisible assets），包括：(1)顧客忠誠度；(2)系列商品給予顧客的印象與吸引力；(3)企業訓練的忠實員工；(4)組織內的企業文化；(5)經營能力等。這些評價項目是資產負債表中從來沒有出現過的。

其中，顧客與員工，對於企業而言，應是最受重視與肯定的資產。而且，顧客若能成爲終生顧客，其終身價值是無可計量的。顧客對於企業所提供的產品與服務，若能感到滿意的話，將可能爲企業帶來巨大的貢獻與利益。另外，員工

的創意與活力，也可能是替企業創造利益的「萬靈丹」。

顧客的忠誠度更勝於土地與建築物

誠如前述之花王社長丸田芳郎所言，「我常對員工們說，拜一般大衆購買產品之賜，我們獲得了薪水與獎金。即使是母子單親家庭等受國家保護的人們，也都會購買本公司商品中的任何一塊肥皀、洗髮精等。思及這些人的生活，我們除了提供更好的服務之外，別無其他生存之道。而且，如果能夠這麼做的話，我們必定有飯吃。因此，我們要努力爲一般大衆提供最佳的服務。」

如此說來，截至目前，企業看似以滿足市場需求爲目標，其實是將重點置於「大力傾銷」可以提供的商品及服務。當銷售成績不理想時，以販賣爲重點的經營者們，就會努力地利用廣告、宣傳、業務人員等展開促銷活動，藉以吸引顧客。

以人壽保險公司爲例，日本的人壽保險公司大都屬於互助式公司組織。因此，他們將契約當事人稱爲「社員」。但是，這裡的「社員」實際上是顧客，而且契約當事人也是這麼認爲。從我們的定義來看，外部的顧客稱爲「外部顧客」（external guest），社員則稱爲「內部顧客」（internal guest），無論是哪一種，他們都是顧客。

一直以來，人壽保險公司所關心的是開發新顧客與擴大契約獲利。人壽保險公司爲了擴大契約獲利的目標，遂展開慘烈的市場廝殺。他們幾乎從未對顧客付出過關懷與照顧，而是傾注全力在銷售金融商品上。

所謂保險，一旦契約成立了，就會自動從存款帳戶中扣除保費。即使對於商品或保險業務員有任何不滿，事情也早就木已成舟了。如果中途解約，之前繳交的保費將一去不回，所以，不得不續保。如果保險契約成立了，與保險業務員之間的接觸也幾乎等於零。契約結束時，僅收到人壽保險公司寄來保單的通知，或年底時確定申報用的收據而已。

保險契約當事人終其一生需要繳納多少保費呢？例如每月保費是四萬日圓的話，一年是四十八萬日圓，十年就是四百八十萬日圓，連續繳費二十年的保費總額是九百六十萬日圓，如果是三十年的話，則將高達一千四百四十萬日圓。人壽保險公司爲何未將如此重要的顧客視爲至寶般地看待呢？

關於保險費的支付，在他們的眼中看來，顧客只是文件上的資料罷了！而且，他們將重要的顧客稱爲「契約當事人」。幾乎沒有意識到支持企業經營下去的正是「顧客」。即使有，也僅限於直接與顧客接觸的現場服務人員。從顧客的眼中絲毫看不出對於人壽保險公司管理人熱誠的服務，所散發出感謝的眼神。

所謂保險，非僅限於簽約時的一次顧客。也有可能開發到契約關係維持二十年、三十年，或者至顧客死亡爲止的終生顧客。契約當事人的評價愈高，交易關係延續到孩子、孫子的可能性就愈高。站在人壽保險公司的立場，保險契約當

事人從出生襁褓時期到走完人生旅程的一生當中，都應該是重要的終生顧客。然而，保險公司通常在取得契約之後，就表現出一副若無其事的樣子。這造成顧客日漸疏離。結局如何呢？所有人壽保險公司曾經發生過的糾紛案例，說明了一切。不得不說他們是一群目光短淺的「非好客之徒」（絲毫不懂得「以客爲尊」者）。

「以客爲尊」、「滿足顧客需求」、「顧客至上主義」，這些冠冕堂皇的口號，也只像是荒誕無稽的鬧劇持續地反覆上演罷了。儘管臨場的危機處理才是當務之急，可是卻只在表面上說些冠冕堂皇的應酬話，實際採取的卻是重視銷售、重視利益的經營態度。

從過去認爲「規模大就是好」這種重視量的思考模式，如今已逐漸轉型爲「小就是好」、「本公司雖小，但很快樂」等重視品質的時代。以往人們內心裡總是樂觀地認爲，即使景氣再差，仍然會因爲經濟循環而恢復，市場需求遲早也會獲得改善。甚至誤以爲隨著可動用所得的增加、閒暇時間的增多，現在的過剩能力遲早都能夠獲得消化。

的確，戰後近五十年來，供應型服務社會一直都是處於這樣的景氣循環之下。但是，泡沫經濟幻滅之後，整個社會完全瀰漫在情況不明且無法預測未來的狀況下。景氣不但沒有恢復，土地、股票等反而一再下跌，一般大衆可動用的所得愈來愈少。目前最迫切需要的不是企業營業額或利益的最大化，而是顧客忠誠度的最大化。

企業品牌可在一夕間崩盤

以客製型服務爲取向的組織，重視的是企業品牌。爲何如此？因爲唯有打動顧客的心，藉以累積企業信用，才能提高品牌魅力。年輕女孩之所以想要擁有香奈兒、LV的手提包，就在於受到品牌魅力的吸引。哈雷機車，對於年輕男性而言，則是他們夢寐以求的品牌，存在著一種無可言喻的超現實要素。所謂品牌，是企業花費長時間構築的無形資產，也是顧客對企業的一種信賴。

因與康柏電腦合併而引發話題的惠普（HP）總裁兼執行長菲奧莉納（Carly Fiorina）則主張：「所謂品牌，是信賴保證的承諾，是決策時的指標。」如今，品牌擁有無法計算的價值。更詳細地說，品牌也是顧客、交易廠商、股東等利害關係人對企業的綜合評價。

供應型服務社會中，企業爲了增加銷售總額與利益，所以，積極利用廣告文宣與業務人才，展開各種促銷活動。在這樣的背景下，品牌一直都是促銷手法之一。但是，在客製型服務社會裡，僅憑促銷手法並無法打動顧客的心扉。

依據某實證研究結果發現，顧客忠誠度與市場佔有率是高相關，相對地，價格與顧客忠誠度則是低相關。由於品牌能夠累積顧客的信賴，因此，品牌在提高顧客忠誠度方面，異常重要。

新力公司創始人井深大與盛田昭夫，比任何人都愛惜自創的新力品牌，一直都是以生命守護著它。這也是新力得以

確立今日地位於不墜的原因。品牌正是企業的資產，若說它是企業的生命之花，一點也不爲過。

Art Corporation的寺田千代乃女士談及她在公司成立之初，曾數度與她的先生商討公司的型態。她說：「所謂企業哲學（philosophy），非指底層深處的概念，而應該是更具體的東西。在當時，肩膀酸痛的話，貼在背上的貼布，大家都會想到『撒隆巴斯』；提及化學調味料，也都會想到『味之素』。另外，若提到乳酸菌飲料，大家都會想到『優酪乳』。我們也希望當人們看到0123的號碼時，就會想到搬家，或者Art搬家公司，然後，會想要記下這個電話號碼。這是我們夫妻在創業之初最大的願望，也是我們的夢想。」當時她是否瞭解何謂企業品牌？我們不得而知，但可以確定的是，當時她對企業品牌的價值已有了相當的認識。

另外，談到企業品牌，最近「老店」蔚爲話題。爲什麼老店會受到矚目呢？因爲老店擁有經營的秘訣。詳細調查後發現，這些老店數百年來都相當重視顧客與員工，它所實踐的經營理念是爲顧客與員工們營造夢想、感動、幸福快樂，是以客製型服務爲取向的組織。它們通常都累積了長年的信用。

茲舉數家品牌聞名的企業，如養命酒（一六〇二年創立）、龜甲萬（一六三〇年創立）、月桂冠（一六三七年創立）、Mizkan（一八〇四年創立）、山本海苔店（一八四九年創立）。其中，例如金剛組（建築，五七八年創立）、法師（旅館，七一八年創立）、虎屋黑川（和菓子，七九三年創立），都是自大和時代或奈良時代經營至今的老店。這些老店的企業品牌都擁有無法以金錢貨幣來計算的價值。畢竟歷史的年輪是無法用金錢衡量的。

相對地，二〇〇二年發生問題的雪印食品、日本火腿，擁有多少品牌價值呢？例如：雪印食品在公司季刊二〇〇一年秋季刊上所刊載的資本額是二十一億七千二百萬日圓、總資產是三百六十九億二千五百萬日圓、股東資本是五十二億二千五百萬日圓，可是卻在不到一年的時間，公司就已陷入面臨解散的窘境。雪印食品的企業品牌，如今已完全被市場所揚棄。無論它擁有多少有價值的有形資產與過去的輝煌歷史，該公司的企業品牌已經嚴重受創，因而失去了存在的價值，導致在市場上消失的命運。不僅如此，這次的危機甚至還一度波及母公司雪印乳業。

另外，日本火腿的高層爲了假牛肉事件，雖然想盡辦法息事寧人，但是並沒獲得社會大衆的諒解。即使是高級品牌，如今已然一敗塗地。由於他們都是無視於人情與社會道德的「非好客之徒」（絲毫不懂得「以客爲尊」者），這也是沒有辦法的事。如果他們希望挽回顧客，避免顧客流失，唯一的辦法就是公司全體上下都要貫徹以客爲尊的經營之道。

另一方面，以萬寶路聞名的美國香煙廠商菲力普—莫瑞斯（Philip Morris），曾以一百二十九億美元收購乳製品廠商——納貝斯克可口股份有限公司（Kraft Foods）。當時執照會計師計算的有形資產是十三億美元。其餘的一百一十六億

美元究竟是什麼呢？可以想像，其中一大半是納貝斯克可口股份有限公司的「品牌價值」與員工所擁有的「智慧價值」。

野茂英雄投手曾效力過的美國大聯盟波士頓紅襪隊，更在二〇〇一年十二月為約翰．亨利（John Henry）等人投資的集團所收購。收購金額是史上最高的，為六億六千萬美元（依當時匯率換算成日幣是八百四十四億八千萬日圓）。這樣的金額雖然未出乎意料，但是，資產負債表上評估的金額應該還未達到其中的幾分之一吧！

日本企業近來對於品牌的關心，日益提高。以往所關心的重點大都是技術及品質，較少關心品牌的重要性。日本企業雖然有能力製造物美價廉且品質好的產品，但市場最近卻逐漸地被外國企業奪走。因此，經濟產業省有鑑於品牌的重要性，遂於二〇〇一年七月發起成立「品牌價值評價研究會」。

今後，為了能夠在世界上獲得更高的評價，實有必要在品牌價值中充實技術與品質的評價，培植所謂品牌的「無形資產」。因此，唯有獲得顧客的信賴，品牌價值才得以增值。為提高顧客的信賴，另一方面尚需要貫徹以客為尊的經營之道。

員工不是百圓打火機，而是尊貴的內部顧客

供應型服務社會中，員工只有在派得上用場的時候使

用，不堪使用時就當作是百圓打火機一樣地丟棄。因此，企業員工經常被稱爲公司牛馬或企業戰士。他們只不過被當成生產要素中的材料罷了！也就是，當他們的生產力一旦降低，將會淪落到被當成廢棄物處理的命運。材料中尚有可回收再利用一途，生產力低落的員工卻不然，一般而言，他們受到的待遇與家畜無異。

但是，在客製型服務社會中，工作上有成就或具備潛在能力的人都深具市場性，市場給予他們的評價是正面的。例如：最近日本職業棒球隊、足球隊選手移民加入海外球隊的機會增多了，因爲他們深具市場性，所以，能夠移民加入。對於該組織而言，他們是貴重的人力資產，因此，他們可以在市場上像金條般地被買賣。

總而言之，他們是「人力財產」。所謂人力財產是有價值的，所以，不會被丟棄。純金飾品、鐘錶等，即使失去了應有的機能，仍可熔化再利用，但鐵或銅製造的產品，能再利用的機會較少。球隊裡的人力財產縱使無法利用了，將來仍可轉任教練或領隊，或者擔任組織的宣傳模特兒，隨時都擁有一定的人力資產價值。

總之，在供應型服務社會中，公司牛馬或企業戰士一旦失去了必要性，隨時都會像百圓打火機一樣被丟棄。而且，他們也常是企業裁員的對象。

但是，在客製型服務社會中，所謂員工，對經營者或管理者而言，是重要的事業夥伴或合作對象。他們透過工作，對企業提供各種貢獻。而且，他們藉由提出各類創

意點子、開發產品、開拓市場等，爲企業謀取利益。他們的創意、能量，更爲企業帶來活力，也爲其他利害關係人（stakeholder）帶來諸多利益。

另外，他們就像戀人一樣，感覺永遠是新鮮的，總是能給予組織上下帶來令人驚喜讚嘆的感動。不僅如此，外部顧客當中，他們也擁有很多愛慕者。他們受到同事們、顧客們如戀人般的愛慕。所謂戀人，對對方而言，就是生命。

企業大致可二分爲採取顧客至上主義的企業與採取員工至上主義的企業。雖然大多數是採取顧客至上主義，但其中明白表示採取員工至上主義的企業也不在少數。例如：美國西北航空公司、馬里歐特飯店等，除了業務之外，也很重視員工。

日本也有數家重視員工的公司。例如：布料零售商「島村」。該公司社長藤原秀次郎明白表示：「企業的本質是員工，我們在構築一家對員工而言是不錯的公司」。因爲他認爲只有將員工擺在第一位，員工才會爲了提高顧客的滿意度，而傾注最大的熱情。

另外，提供搬家服務的Pioneer與Art Corporation兩家公司，大家都知道它們經營方式相當獨特。社長是女性，對待員工更是非常地體貼入微。中途採用新進員工時，在職員工會致贈歡迎花束，並附上寫著「歡迎加入Art搬家中心」的卡片，有辦公桌的就放在桌上，如果是現場人員，就放在置物櫃中。收到附有歡迎卡片花束的新進員工，會有什麼樣的心情呢？社長對員工的體貼與關懷當中，似乎隱含著成功的秘訣。

新力公司的盛田昭夫說，他以前會將一般朋友和好朋友的興趣、生日等輸入自己辦公室的電腦中。如果遇到特別的日子，他必定會馬上親自書寫卡片或感謝函寄給對方。如果是一般的公司高層，這樣的小事通常會交由秘書處理。這也就是盛田昭夫不同於一般經營者之處。試想，收到盛田昭夫親筆書寫的卡片或感謝函的人，會是何等地深受感動啊！以如此細膩的心思待人，正充分證明了他是位卓越的經營者。

誠如上述事例，高層管理者如果能夠率先示範，善待禮遇員工的話，必能影響他們的心。爲使持續低迷不振的日本企業得以復甦，首先要正視現實，構築革新且溝通順暢的組織文化。經營者或管理者若能貫徹以客爲尊的經營理念，並且視現場員工如黃金般貴重的話，必定會有所回報的。爲什麼這麼單純的事會做不到呢？實在令人匪夷所思！

富士屋飯店也將顧客稱爲外部顧客，員工則稱爲內部顧客。忽略以客爲尊的經營理念，僅專心致力於市場銷售，與沒有靈魂的佛像實無二致。

這意味著所謂員工，其實是金錢或物質無法取代的貴重資產。大多數經營者完全不瞭解這一點，業績一旦惡化，就採取裁員政策，最早被犧牲的就是員工。經營者無視於自己的責任，當然無法得到社會大衆的諒解。

組織文化是企業的重要資產

第三類「無形資產」是組織文化。它能影響企業的使命

與理念、制度與常規、員工的思考與行動、甚至是CI——企業商標、形象（Corporate Identity）。組織文化內容的差異，最後會爲企業之間帶來截然不同的優勝劣敗。而且，組織文化不是在一夜之間形成的，而是經過長久歲月的累積而確立的。但是，一旦確立了，就能夠發揮更強大的威力。

供應型服務社會所確立的組織文化，是追求銷售總額與利益的增加、市場佔有率的擴大、組織效率與合理性。但是，在客製型服務社會中，優美、正當合理、愉快、整潔等精神層面、倫理層面上的東西，或者是具有文化性、社會性的東西，更具價值。也就是說，如今社會所追求的是客製型文化。爲因應未來此類社會的要求，應該要打破現狀。

所謂的組織文化，相當難以處理，一旦確立了就很難加以變更。原因是組織內的人們除非遭遇極大的危機，否則都希望能夠維持現狀。所以，維持至今的供應型服務文化，根本無法適應客製型社會的需要。因此，各企業雖然都致力於構築客製型服務文化，但舊有文化早已完全滲透到組織基層，實在是很難變革成功。

關於此點，帝國飯店爲討顧客歡心，總是希望能和顧客共享感動，並以此爲企業的目標，因而想出了兩種戰略。也就是「變身戰略」（Transformation Strategy）與「共鳴戰略」（Human-oriented Strategy）。前者是改變有待改變的事物，推陳出新，開發新的營運型態或事業，誘導出需求。也就是揚棄一小部分豪華主義，蛻變爲堅守傳統且具有統合能力的企業集團。後者所謂的共鳴戰略，係指與一般大眾產生相互的共鳴、分享快樂，構築一個對地球環境、地區社會能有所貢獻的企業。總而言之，該飯店矢志要成爲一個重視顧客、努力教育員工、陶冶感性、珍惜心靈接觸、珍視心靈聯繫的企業。這類以客製型服務爲取向的組織，改革的腳步從不停歇。

所謂的組織文化，一般而言，原本意指組織共有的精神價值。而且，組織的意義來自於對員工的規範。因此，無論是什麼樣的組織，各有不同的文化。正如豐田與日產的組織文化不同一樣，帝國飯店與大倉飯店的組織文化也不同。另外，外食產業樂雅樂與迪士尼的組織文化也不同。

這樣的組織文化，扮演著接著劑的角色，將整體組織凝聚在一起。組織的文化色彩強烈時，其員工就能團結一致採取行動。因此，如果能在組織中移植客製型服務文化，該組織的員工就極有可能會採取重視顧客的態度。

例如樂雅樂在「希望經常提供新飲食文化」的挑戰精神之下，創造出「重視料理與服務品質」「讓顧客由衷地感到歡喜」等口號。另外，迪士尼則存在所謂「集合高度專業員工，可創造優質店家；優質店家必有優質店長」的團隊默契，也就是相當重視組織文化。

構築客製型服務文化時，必須要有熱情好客的領導人。如果希望員工以良好的態度對待顧客，經營者首先必須教育員工應有以客爲尊的待客態度。如果沒有這樣的刺激，就無法保證員工們一定會報以令顧客驚喜讚嘆的友善態度。

由此可知，擁有客製型服務文化的組織，經常都能獲得

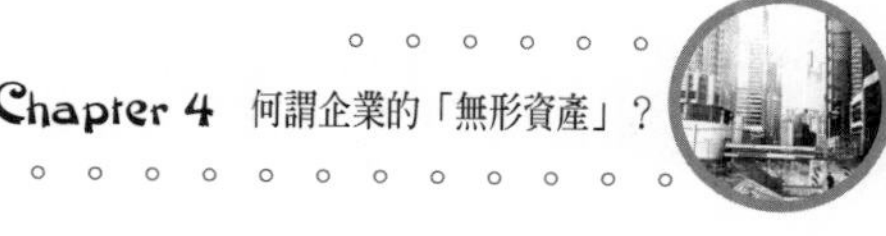

顧客與員工的信賴與共鳴。利用飯店、餐廳的顧客通常能夠清楚地分辨出能為自己提供夢想與感動的員工，以及無法如此的員工。

因此，客製型服務文化通常能維持具有相當落差的優勢性，只要這樣的優勢性維持住企業的價值，即可成為企業重要的資產。但是，組織文化並未被列載於資產負債表上的任何地方。如今，世界各地的企業無不為了確立企業獨特性，紛紛起而構築屬於自己的組織文化。

蟬連美國《財星》雜誌選出最受尊崇前十大企業中，包含3M公司。在日本也有3M的子公司，也就是住友3M。該公司在經營上也非常獨特。他們的基本經營理念是提倡「尊重人的尊嚴與價值」。雖說企業是由人、物、金錢、資訊所構成，但他們斬釘截鐵地說最重視的是「人」。也就是說，這是一家最重視人性尊嚴與價值的公司。

另外，該公司也「重視行動」，領導人將權限與責任下放給部屬，並鼓勵被賦予權限與責任的員工採取自主的行動。這家公司是以現場主義、走動式管理為中心的。

除此之外，「自主性與容許失敗」是非常重要的。自己認為是對的而採取行動的結果，即使失敗了也不會受到責備。這樣的寬大為懷，使該公司已然形成一種自在豁達的企業風氣。而且，他們採用的不是扣分主義，而是加分主義。

另外，該公司鼓勵企業家精神與革新，形成重視「尊重創意」的風氣。而且，他們「時時留意開發顧客尚未感覺到需要的新產品」。這是一家多麼棒的公司啊！雖說這是一家商品製造廠商，但在日本仍有這麼一家貫徹客製型服務的朝氣蓬勃的活力型企業。

客製型服務社會，考驗經營者的資質

彼得・杜拉克（Peter Drucker）指出，在開發新產品、新服務，達成革新的成果之際，組織文化與經營者的資質是重要的因素。他還將革新技術利用兩個附帶的尺度來加以區分。企業與其他競爭公司相較之下，怎樣才能順利地進行變革？以及怎樣才能快速地進行技術革新？透過將技術革新集中於某特定市場階層，使企業即使接近其他市場階層，也能獲得有利立場。

關於此點，大多數成功的經營者皆主張：「企業的成就端賴經營者的態度與經營方向」。其他經營者則將「決策的速度」視爲問題所在。如果還像過去那樣，決策慢條斯理，因應問題速度緩慢，則企業的經營就會變調走樣。這些見解在以往的評價中，都是不曾考慮在內的獨特主張。

從他們的主張看來，經營者的資質較以往更顯重要。的確，即使是現在，經營者的資質一樣受到重視。但是，現在所要求的經營者資質不同於以往。在客製型服務社會中，所追求的是在精神面與倫理面上有卓越表現的領導者。而且，能迅速回應社會的要求，是否實現技術革新等也很重要。具體而言，具客製型服務心態的組織，應當全體都有清楚的共識，瞭解「關鍵性時刻」的重要性，公司全體上下運用顧客

即時因應系統，確立起加強共鳴、共創的體制等。也就是說，供應型服務公司與客製型服務公司所要求的經營者資質，有著顯著的差異。

談及經營者的資質，首屈一指的是日產汽車的卡洛斯·高恩（Carlos Ghosn）的改革。他讓虧損連連的公司在兩年內再度重上軌道。讓世人見到「經營者改變，企業隨之改變」的實證。他在改革過程中提出「明確的利益取向」、「顧客取向」、「公司內跨部門合作體制」（CFT，cross functional team）、「緊急性的認知」、「長期藍圖」等。

另外，他認爲企業能否重整成功的關鍵是公司內部對於「目標」、「優先順位」、「策略」等應有共識，接著提出可靠的重整計畫，傾聽公司內部的其他意見，對員工們發出經營者信賴他們的訊息。他的能力更受到法國雷諾總公司的肯定，附帶一提，他於二〇〇四年之後，返回法國雷諾總公司擔任執行長。

美國奇異公司前任執行長傑克·威爾許（John F. Welch, Jr.），世人稱之爲二十世紀最偉大的經營者。他所締造的成績也相當傲人。摘錄他曾談及經營的名句如下：「經營就是勇往直前」、「除非是業界數一數二的，否則廢除」、「秉持信念，堅持到底」、「要與拒絕變革的官僚主義訣別」、「該如何培育高層與員工的獨創性？又該如何進行評價？」「充滿活力加入競爭，鼓舞人心，將自己的能力發揮到極限，而且一定付諸行動」、「培養優秀的領導人才」等。

他同時強調4E與1P。也就是Energy（在全球經濟中的競爭力）、Energize＝Excite（爲員工造夢，激發出潛在能力）、Edge（在任何環境下，都能明確說出"yes"、"no"的判斷力）、Execute（堅持到底的執行能力），以及Passion（熱情）。他已然是位經營達人。

因此，全世界存在著多位重視顧客與員工，同時在企業改革上有傑出表現的客製型服務領導者。但是，日本目前尚有許多經營者宛如罹患慢性病般，遊走在生死邊緣上。

時至今日，仍爲過去的輝煌歷史、傳統及規則等所束縛的企業，亦不在少數。過去的領導者總是嚴格管理員工，將他們的自主性與自由活動的空間限制在最小範圍。在這樣的企業中，組織通常是舊有弊病積重難返，年輕人的新穎意見無法上達天聽。縱使他們提出了深具獨創性的點子，卻沒有人有空傾聽。高層領導人就像高高在上的觀音佛像般，從不打破舊有的窠臼。近來，這類制度疲乏的組織中，難解的問題可說堆積如山，更進而引發出一連串的問題。

爲何日本很難得出現士氣高昂的專業經營者呢？歐美企業中，一旦收益與股票價值沒有明顯增加時，經營者就立即被股東們從高高在上的寶座上拉下來。經營成果是最優先考慮的因素，所以，在歐美，即使是位居執行長的最高權力者，也不會是永遠的最高權力者。

話題轉到松井證券的松井道夫社長，松井對於社長的角色有以下談話。他說：「社長重要的立足點是什麼？是決心與臨機應變。大家聚集在一起進行各種分析，這種情況該怎麼辦，就擬定因應策略，認爲這樣就能越過革命的巨浪，但

其實事情並非如此簡單。不去做，就不會知道。就算做了，如果沒有經過一段時間，也不會瞭解。但是，現在就要做決定。這時候就靠社長來做決策與判斷。」也就是，高層領導人的工作就是爲「做？還是不做？」迅速做決策。高層領導人如果沒有決策判斷的能力，部屬在執行上也就動彈不得了。

供應型服務社會中所謂的決策系統，在日本，是由下而上（bottoms up）的決策方式。這種方式過於耗時。如今，速度是問題所在。今後一旦轉型成客製型服務社會，個別的、水平的關係將更顯重要，因此，責任、權限都會被分散開來。而且，每個人皆以夥伴的身分處於對等的立場，形成可以共創事業的夥伴加入（Partner access）模式。

環視周遭環境，在日本的優秀公司中，不乏有採用Partner access模式的企業。這些企業中，已有客製型服務概念的經營者早已扮演著這樣的角色。他們也是貫徹重視顧客與員工的信念、時時追求變革、實施創造性破壞的人。業績低迷的企業經營者，唯有學習他們的信念與方法，始可重振企業。

資訊屬企業資產，應共有共享

客製型服務社會，時時追求變革。爲什麼呢？所謂客製型服務社會，是個別的、水平的、網路（network）的社會。因此，隨著資訊量的增加，對資訊的反應較以往更爲重要。

也就是說，企業如果無法跟上所處環境變化的腳步，將無法存活。

企業的經營資源，包括人、物、金錢、企業文化，以及資訊等。那麼，資訊從何而來？在過去的供應型服務社會裡，資訊來自兩個方面，其一是從企業流向包含顧客在內的利害關係人，其二是逆向從利害關係人流向企業。透過廣告宣傳、通路等從上游廠商流通到下游廠商，或者藉由市場調查，以及現場意見的回流等，企業可獲得市場的相關資訊。但是，這僅限於狹隘範圍的資訊。

圍繞企業的環境，時時刻刻都在變化。而且，環境變化對企業的影響是多方面的。所謂企業環境，泛指經濟環境、政治環境、法律環境、文化環境、倫理環境、自然環境等等。這些環境要因對於企業的影響，難以估計。

以往將品質置之度外，認為儘可能從市場上蒐集大量資訊才有意義。於是，到處散發問卷進行調查，隨機蒐集市場與其他競爭公司的資訊。但是，現在的資訊量較以前多數百倍、數千倍，其數量、種類之多無法言喻，宛如洪水般地湧現。資訊過多，無法知道什麼是真正有用的資訊。資訊的錯綜複雜，反而徒增混亂的情形也不在少數。

由此點觀之，所謂資訊，重質而不重量。資訊過多，不僅會讓人弄不清楚什麼才是有效資訊，甚至還會造成判斷錯誤。而且，所謂資訊，不應像從前一樣由組織的部分人士獨佔或寡佔，應該由大家共有。重要的是在必要時，任何人皆可自由地獲取他所需要的資訊。若非如此，資訊也就沒什麼

價值。

尤其是面臨客製型服務社會的到來，一直容易為人所遺忘的精神面、倫理面的需求，其相關資訊更形重要。原因是那或許就是現在決定企業生死的關鍵。隨著資訊科技化的日益發展，對於人類精神面與倫理面的相關資訊，企業的嗅覺必須要更加敏銳才行。

要促進資訊科技化，就必須有客製型服務

現在股票網路交易中最受矚目的公司之一，包括前述的松井證券。該公司員工約有一百八十人，二〇〇二年度的每月平均買賣金額約四千五百億日圓。光是聽到該數字，或許不太能夠瞭解其意義。

附帶一提，最大證券公司野村證券員工約有一萬二千人。其中約有八千人是在以個人投資者為對象的散戶部門工作。這約八千人的營業員、操作員一個月的買賣金額也幾乎與松井證券相同。松井證券將手續費減少為十分之一，廢除由營業員與操作員電話交易的方式。改以網路交易方式，導致以往買賣所需的營業員及人事費用等皆無用武之地。該公司只是在「停止人員操作營業方式」的概念之下，改變營業工具罷了。結果，不僅是松井證券的顧客高興，企業也蒸蒸日上，可謂是幸福的二重奏（賓主盡歡）。

松井證券社長松井道夫在大學演講中語重心長地說：「未來公司將會消失。說公司會消失雖然有語病，但我認為

未來公司將會是二十人左右的集團。由一位領導者募集二十人左右，組成一家公司。世界上將會出現無數的公司。一家公司成功與否，就看它能否脫穎而出爲顧客所接受，並且是否因而獲得利益而定。所以，上班族、從業人員等名詞將不再被使用。代之而起的，我想大概是夥伴或者會員等名詞。」這是非常大膽的假設。但是，或許會成眞也不一定。客製型服務社會裡，那些過去無法想像的事，可能都會陸續地發生。

資訊科技革命的發展過程中，又陸續衍生出新的商機。這與規模大小無關，擁有獨創技術與頭腦的集團，將會爲社會帶來巨大變革。關於這一點，松井證券即是這一波轉型風潮中成功的先驅者之一。

在全球化日益形成之際，所需要的新經營模式是世界資訊、物流、金融等方面的快速化，以及對世界價格競爭及顧客需求的多元化提出因應之策。爲實現全球化，就必須活用資訊科技。此時，資訊科技不只是工具而已，也是支持經營革新與組織改革的基礎架構，而且也是貴重的企業資產。

直到不久之前，我們每個人一直都是屬於學校或企業等組織中的一員。如果隸屬於某組織，組織就會守護自己，生活中有組織當招牌，工作會容易順手得多。而且，有組織當招牌，獲取的資訊也會比較多，也比較容易獲得社會大衆的信賴。

環視周遭環境，可以發現醫生、律師及音樂家等這些從事自由業的人，早就一個人自由自在地生活了。由此可知，未來的時代將逐漸轉型爲一個人可以獨自生存的時代，不，應該是必須一個人獨自生存的時代。也就是「個人的時代」即將要到來了，未來也是「個人」發揮能力的時代。

這樣的社會一旦出現，個人會過著與組織、社會愈來愈疏離的生活。但是，另一方面，個人如果能夠妥善地構築網路，就能夠與全世界的人溝通，較之以往，或許更能享受人生。

網路化社會中，在某種意義上，代表著將比現在更能夠迅速地廣結善緣，學習與工作的機會也可能隨之擴大。例如：在太平洋中揚帆航行，除了可以學習與工作之外，說不定還可以和全世界的最佳主角自由地「談戀愛」。

不久的將來，無所不在的網路（ubiquitous network）時代即將到來。這與企業規模大小無關，但卻是得以在新競爭型態中脫穎而出、必要而不可或缺的手段。企業中即使沒有特別的資源，但只要有使命感，憑著頭腦，或許也能改變組織結構，從根本改變經營應有的樣貌。

可以預料，這股無所不在（ubiquitous）的潮流將會爲企業界帶來巨大變革。其中之一就是創造新商機。因此，無論顧客價値觀變化多麼地微弱，實有必要確立並發展掌握顧客價値觀變化的感應系統。另一大變革是事業場所與風格類型的變化。所以，希望尋求運用資訊科技顧客服務系統。於是，企業不再像以往一樣是資訊的接收基地，而是逐漸地被要求必須扮演發訊基地的角色。爲什麼呢？因爲服務顧客的第一步，就是提供資訊。

但是，另一方面，資訊科技化愈是進步，企業對於顧客、員工、股東等利害關係人，就更必須貫徹客製型服務之道。否則這個世界就會變成是由服務傀儡與資訊所掌控的虛幻世界。世界如果真的變成一個由機器傀儡來取代客製型服務的世界，恐怕會發生比現在更冷血的市場殺戮戰。

Chapter 5

由供應型服務社會轉型爲客製型服務社會

項目	供應型服務社會（傳統型態）	客製型服務社會（二十一世紀型態）
1.真心本意和表面原則	因時因地，靈活運用	經常一致
2.受肯定的員工	忠狗八公型員工	辯論型員工
3.員工的市場價值	幾乎沒有	有
4.留戀職場的理由	換工作難	覺得工作有魅力
5.員工對工作的意識	義務感	使命感
6.組織內人員的掌握	業務人員、公司職員	個別人員
7.比喻對象（魚）	比目魚型（仰人鼻息型）	鱸魚型（出人頭地型）
8.最佳度	全體最佳	部分最佳的結果是全體最佳
9.團隊類型	船賽型	接力賽型
10.員工幹勁基礎	會被苛責、會被褒獎	能夠取悅他人

日本人行動的原點是什麼？

回到原來的話題，瞭解未來是客製型服務的社會之後，另外還有必要談談日本人的行爲特性。

日本人原本是個不擅於個人行動的民族。由於日本人是農業民族，所以，在從事農務時必須要運用團體的力量。歐美民族則屬於狩獵民族，單獨一個人外出狩獵，遠比大批人一起狩獵，更不會引起獵物的注意，也比較能夠有所收穫。

以集團主義爲基礎的日本人行爲模式，與歐美以個人主義爲基礎的行爲模式，基本上是不一樣的。日本人任何事都是集體行動，失敗了，無法清楚釐清責任歸屬；成功了，該歸功於誰，也不明確。

日本的經營特徵之一，就是稟議（批閱）制度。在某種意義上，這也是日本供應型服務社會中長久以來就一直存在的典型制度。供應型服務社會中，由於存在著階級關係，任何批閱文件都是由組織的最低階級開始蓋章，然後再上呈至組織高層傳閱。由於大家都在文件上蓋了章，所以，責任承擔是分散的。因此，形成任何人都可以不用負責的組織。

說起來，所謂的供應型服務社會，係以團體行動爲前提，於營運之際追求民主主義。所謂民主主義，的確是合適的問題解決方法之一。但是，要做任何決定時，團體最大公約數的意見比個人意見更容易被採納，進而當做是全體的意見。結果，個人有創意的意見將會被埋沒在組織的平均意見中。於是，有朝氣有活力且具創造性的點子消失不見了，而一般的平均意見則經常被採用。獨特的見解，常在多數的平凡意見中被消滅。

常有人說日本人是欠缺自主性的民族。在培育農作物方面，如果有附近的人教導種植方法，並且加以模仿的話，失敗就會減少，責任也會減輕。

日本歷史上存在著連坐制、村八分（村民拒絕與其相往來的制裁）等社會習慣，但集團主義引起的責任歸屬曖昧不清的狀況，可能就是起因於此吧！結果，日本的連坐制，在今天仍以連帶保證人制的型態被保留下來，並且產生了不少複雜的問題。

美國人類學家潘乃得（Ruth F. Benedict）主張，相對於西歐文化中的「原罪文化」，日本文化則是「羞恥文化」。在西歐社會中，神是絕對的神聖，相對之下，人類則是罪惡深重的。因此，人類是秉持絕對的道德與良心來做事。

相反地，日本人是因爲恐懼外來的制裁而做事的。也就是說，由於厭惡他人的謠言與嘲笑而行善事。總而言之，日本人行爲的原動力來自於羞恥感。

所以，日本人時常會將眞心本意和表面原則區分開來靈活運用。這是因爲他們很在意別人的眼光。之所以會這樣，也是因爲在供應型服務社會中必須重視團體利益，因此，個人在精神上不得不有所犧牲的緣故。因爲必須把自己在團體中呈現的面貌與個人的想法意念區分開來，所以，才會產生將眞心本意和表面原則區分開來靈活運用的行爲模式。但是，今日這樣的行爲模式已經逐漸行不通，這使得日本人感

到十分不適應。

客製型服務社會裡，斷不容許這種將眞心本意和表面原則區分開來運用的行爲模式。當顧客或交易對方對產品或服務提出抱怨或問題時，如果不能眞誠相待，而只進行表面的敷衍來處理問題，他們很快地就會失去顧客的信賴。不僅是對待顧客如此，與上司之間的應對中，也必須經常本著眞心誠意的態度才行。如今想想，供應型服務社會中，將眞心本意和表面原則區分開來靈活運用的行爲模式，也可以說是一種敷衍了事的做事態度。

在此背景之下，日本人實在很難培養出自主性。將眞心本意和表面原則區分開來靈活運用的行爲模式，是好是壞姑且不論，但生活在介意周遭人眼光的環境下，實在是備受拘束。如果在意職場或鄰居的風評以及他們冷淡的眼光，終究會身心俱疲。我想日本人的壓力大都是來自於此吧！夏目漱石曾在他的著作《草枕》中，提到「人世居不易」，或許是他早已看透了日本文化的本質。

供應型服務社會裡，「忠狗八公型的人」被視為是最得力的助手而受到重用

過去日本的企業組織中，組織目標與個人目標是一致的。即使目標是對立的，最重要的是，必須要在表面上表現出個人目標與組織目標是一致的。前提是工作要透過組織執行。因此，默默承受公司賦予工作的人，就像是忠狗八公一

樣，對企業而言是「優秀的員工」。事實上，這種人對於企業而言，只不過是最方便合適的人罷了……

日本自聖德太子以來，就傳襲著「以和爲貴」的精神。因此，無論其個人所提意見有多好，只要他是持反對意見或是主張否定現狀者，大家都會與他疏遠。這是由於團體的和諧更重於個人意見之故。

詳細調查日本各組織後發現，一般所謂的個人，對於組織而言是全方位地與組織形成一體，甚至毫無公私的分別。總而言之，日本特有的「家」社會，既不屬於「共同社會」（Gemeinschaft），也不屬於「利益社會」（Gesellschaft），它屬於一種最適合創造公司人的社會型態。

我曾經在大學聽過OMRON的立石信雄所開設的高階經營管理講座，當時他曾對過去公司員工的形象提出疑問，並針對理想的公司員工形象，提出了他如下的看法。他說：「我認爲過去企業無視於個人尊嚴而創造出公司人的理由，在於最近出現了公司牛馬（社畜）這樣的形容詞。這不是家畜，所謂公司牛馬（社畜）是指公司飼養的人，或者是終其一生只瞭解公司的事直到退休的人。有頭銜、有工作，所以有此個人的存在，但是，如果沒有了頭銜，充其量只是個人罷了。過去日本企業培養出來的就是這樣的公司人。這種情形，現在卻形成很大的問題。」

於是，他接著主張：「思考二十一世紀的經營時，我認爲是以人爲主體的經營，在意義上應是以『人』爲中心的

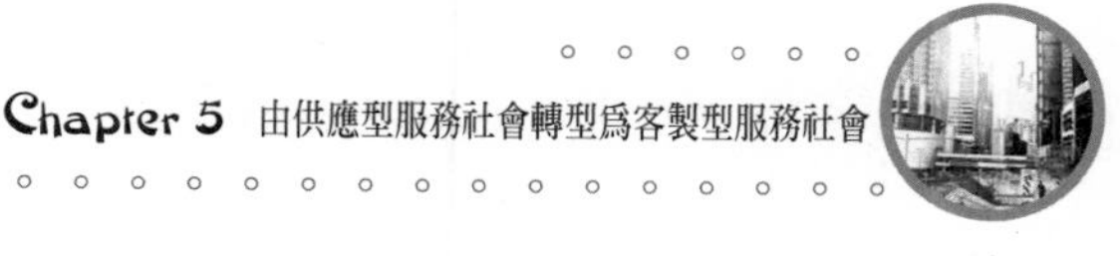

經營。從人的角度來看，在考量勞資關係、經營，乃至於事業、世界等問題時，過去的勞資關係在未來應以更寬廣的視野來考量人員的條件。從經營的角度看人時，不僅是要具有經濟價值而已，更應擴大考量的觀點，造就出具有文化價值或社會價值的員工。從事業的角度來看，不應只重視生產性等冷冰冰的效率問題而已，未來更必須在效率之外加入創意，以這樣的標準評價公司人員。」

在以往的供應型服務社會中，即使沒有特別的目標意識，只要是對上司忠實的人，就會被認定是最得力的助手而受到重用。他們爲了不要成爲被犧牲的棋子，總是以組織的要求爲第一優先，他們不僅忠心耿耿，而且還都是勤奮不懈的公司人。我們稱這種人是「忠狗八公型人類」（公司的家臣）。

以往日本對任何事情都是要求全體一致的。實際上，日本有許多企業在董事會或經營會議中，總是瀰漫著一股不得有異議的氣氛。也就是一旦高層主管發言了，全員都要追隨的系統。這樣的經營模式，與任何人都可以自由參加辯論的歐美企業，大相逕庭。

若說日本這樣的組織文化阻礙了個人自主性的發展，一點也不爲過。日本的組織屬於閉鎖性的結構，無法自由豁達地表達意見。他們只不過是一群老是被命令去參加會議的服務機器傀儡罷了！

但是，今日有必要促進員工培養自主性。也就是說，就上司的立場來看，進行評價時依據的不是他的效率面，而更應該依據人性面來加以評價。身為一心靈與情感兼具的血性人類，更必須加入精神面與倫理面以及社會面等因素，仔細傾聽員工們的想法與主張。

在供應型服務社會中，組織中的個人在工作上所須承擔的風險較少，成功的話也不會獲得額外的報酬。因此，實在沒有必要承擔風險而挑戰新工作，或者提出能夠發揮創造性的主張。但是，由於日本職場上過度的保護，在重視員工的同時，也排除掉他們的自主性與人格上的獨立。

由於日本企業最初採用的是終身雇用制、年功序列型薪資體系，所以，就國民健康福利的觀點來看，企業參與了個人生活的私領域。就某種意義來說，企業是藉由負擔員工生活的一切，而培養出所謂忠狗八公型人類。也就是說，無視於員工們的意見與主張，造就出忠實於企業的公司人。這就是供應型服務社會的基本模式。

員工與經營者是命運共同體

原本大家都認為日本勞動者的士氣相對較高，並且滿足於現在所處的職場環境。但是，各種調查結果顯示，實際情形未必是如此。例如：根據總務廳青少年對策總部（現內閣府）的調查，年齡在十八歲至二十四歲這一階段的年輕人，對於現在職場的滿意度相當低（**圖5-1**）。而且，雖說日本是目前為止先進國家中平均薪資最高的，但他們對於現在的職場一點也不滿意。

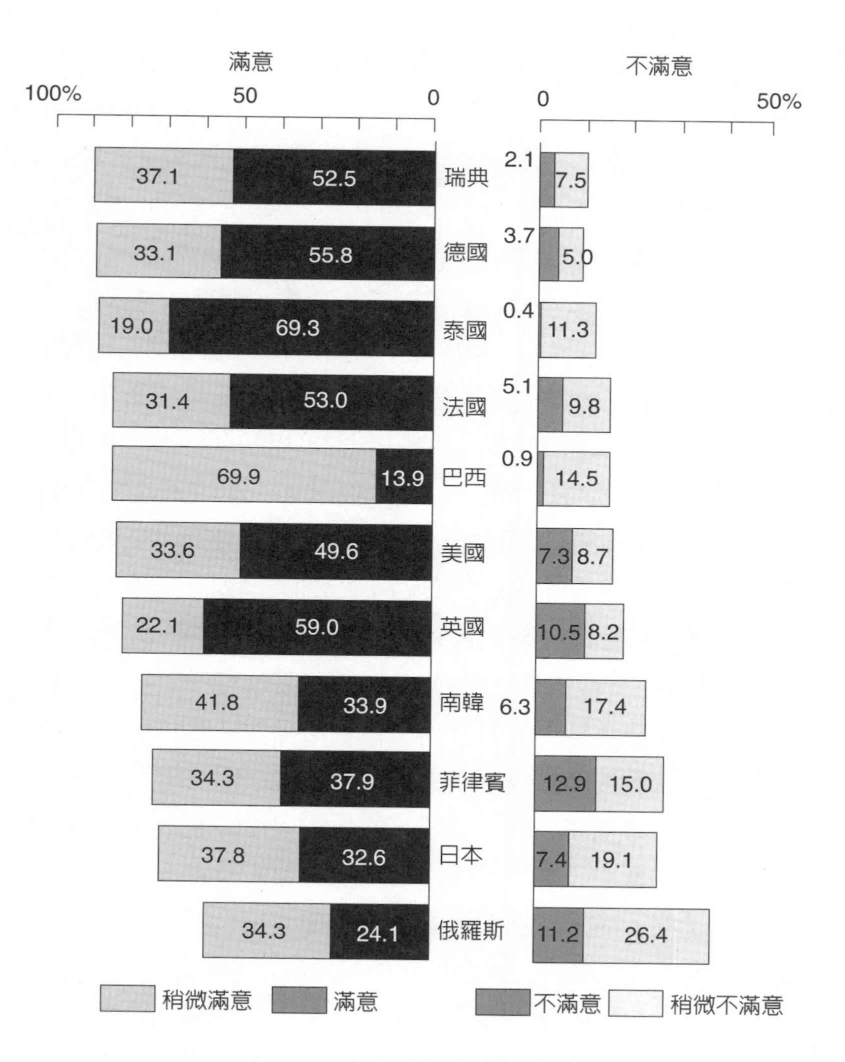

圖5-1　對職場生活的滿意度

資料來源：總務廳青少年對策總部《與全世界青少年比較觀察到的日本青年世界青年意識調查報告書第六次》，大藏省印刷局，1999年

日本的年輕員工雖然對職場的滿意度很低，但是他們卻能夠強迫自己爲公司做某種程度的自我犧牲，爲什麼會出現這種心甘情願的現象呢？這是很不可思議的現象。對職場滿意度低，但他們卻具有愛公司的精神，願意爲公司賣命工作，所持的理由是什麼呢？

至少他們是尊重終身雇用制與年功序列型薪資體系的。這樣的制度，長久以來，對於雇主與受雇員工而言，存在著許多優點。但是，經營者與員工們之間的關係，在某種意義上，可以說是一種命運共同體。限制在相同職場的框框內，他們唯有彼此互相依賴、互相幫助，否則別無他法可以生存下去。也就是說，雙方雖然立場不同，但是目標卻是一致的。在此意義下，他們是透過「相互扶持方式」的命運共同體。

日語有句話說「偕老同穴」（意思是命運共同體），係指一種像絲瓜般形狀、十公分左右的海綿體海洋生物。有兩隻小蝦米就住在牠們的體腔內，相親相愛地共度一生，從未離開過，因此，結婚典禮時人們常喜歡用這四個字來作爲祝福新婚夫妻幸福和諧的祝賀語。經營者與員工和諧的生活，就是這樣的意思。但是，身處在無境界線的社會裡，「興致勃勃的上司」與「意興闌珊的部屬」卻必須在同一個小範圍內，一起生活一輩子，彼此都需要相當程度的忍耐。

因此，RECRUIT公司的河野榮子就日本勞動市場的實際狀況，提出了她如下的看法。

她說：「所謂終身雇用、年功序列型薪資、企業內工會，一般認爲是截至目前爲止日本式經營的三大法寶。有人

說這三大法寶即將失靈。採用四月畢業的社會新鮮人，一鼓作氣實施教育訓練，對於企業而言，確實大幅降低了成本。這是大量錄用、大量生產所創造出來的有效率系統。終身雇用能夠確保長期且穩定的勞質關係，職業種類的問題、工作地點的問題等，也都無須太擔心。然而，穩定的負面意義則是失去了個人判斷或者選擇的餘地。藉由在職訓練（OJT），或是利用定期轉換職務，在企業內部對員工施以教育訓練，如此耗時費力培訓出來的人才被其他公司挖角；反之，其他公司的人轉職至自己公司，卻總是格格不入等等，這些情況造成日本企業很少有中途錄用的情形，因此，日本職場員工的流動性也就比較低。」

但是，以往不得不如此做的情況，正是問題所在。那就是日本的勞動市場屬於封閉性的市場，尋找新工作轉換職場，實在是難上加難。「由於轉換職場有困難，所以，不得已只好繼續留在同一職場內」，以及「職場令人愉快、工作充滿魅力，所以，希望繼續留下來工作」，這兩者是完全不一樣的感覺。因此，若說在職場生根的意識較以前更爲薄弱，或許會比較恰當一點。

今後逐漸邁向客製型服務社會之際，預料在形形色色的人當中，「個人」將會得到更多的尊重，個人的自主性也會更獲得重視。能夠順應這一股潮流的人，就能夠自由地轉換職場。如果到目前爲止所處的職場仍有相當的魅力，那就另當別論，否則實際上根本沒有必要一直留在同一職場上。這樣的結果，會使得勞動條件好的職場能夠募集到比以前更多有才華的人才，吸引更加優秀的人才前來公司就職。好的會更好，壞的會更加惡化。也就是說，不是因爲外部壓力而產生變化，而是因爲內部壓力才開始起了變化。企業界這種變化結果懸殊的時代，業已來臨！

未來的時代，身爲人才的個人如果更具有市場價值，將能夠獲得比現在更易於施展長才的工作機會。而且，也更能夠直言不諱地向經營者說出自己的意見。換言之，個人的能力對組織而言是必要不可或缺的，當他們能夠自由施展自己的能力時，他們的交涉能力就會愈來愈強。於是，他們身爲專業經理人的評價也會更加提高。

受雇者只為月俸工作，企業主則不在乎薪資

關於此點，安田火災海上保險公司的後藤康男的話可謂一針見血。他說：「所謂薪水階級，是因爲領取月俸而產生義務感，並爲此義務感而工作的人；而所謂的企業家，總是自己創造工作，不在乎薪資，熱中於自己的工作，愛公司。他們通常具有這樣的使命感。」

長久以來一直傳誦著「薪水階級是輕鬆自在的職業」，這不是歌詞。所謂的薪水階級，只要將交辦的工作完成，公司大致上都會給予肯定。在終身雇用制之下，可以保障到退休之年都有飯可吃。他們的工作態度是除了上面交辦的工作必須做好以外，對於其他業務，可以不必理睬。由於「自己是自己、別人是別人」的想法，對於與自己沒有直接關係的

事物，總是採取事不關己，干我何事的漠不關心態度。有時甚至會敷衍了事。而且，對於與自己無關的事物，也只會在公司內出言批評論斷。這就是日本被稱爲擁有一億綜合評論家的國家的原因。

不過，以前所謂的薪水階級，與公司以外的組織之間幾乎毫無瓜葛。被要求必須達成交辦的工作指標或是業績的薪水階級，不僅犧牲家庭，還將自己應該扮演的社會角色完全交付給家人，努力地爲公司賣命，簡直就是工作狂。在這樣的供應型服務社會裡，凡事以公司的要求爲第一優先而努力工作的人，看在衆人的眼裡，是最受肯定的忠實員工。

忠犬八公型的人，雖然不會遵循自己的意念想法與信念來行事，但他們也是迫於無奈而不得不如此。原因是除了薪水之外，房屋津貼、扶養津貼，乃至於退職金、企業年金等，公司總是處處都在照顧著他們的生活。

因此，他們可以接受被公司當做社畜或企業戰士般地驅使。而且，透過他們表面上呈現出來的忘我的奉獻精神，使他們能夠在公司的過度保護之下，獲得各種不同形式的報酬。

原來如此，只要認眞地做好交辦的工作，接下來就可以和同事們到居酒屋去抱怨上司的不是，聊以慰藉。也就是說，對於薪水階級而言，職場就是唯一獲得生活糧食的地方。也就是說他們是一群只等待著上司指示，不需要自己積極主動找事做的一群人。但是，換個角度來想，他們對於公司而言，也算是成本項目中的一項。若以今日的觀點來看，這樣的情形也是造成企業基礎崩塌的原因。

長久以來，我們將在公司工作的人稱爲從業人員或員工。但是，更冷靜地思考之後，總覺得使用這樣的名詞似乎有些問題。原因是仔細查過字典之後，瞭解所謂的從業人員係指「從事業務的人」，而所謂的「員工」則是指「在公司工作的人」（請參考三省堂《廣辭林》、角川書店《角川國語大辭典》、學習研究社《學研漢和大字典》等）。另外，「員」這個字的意思是指在小範圍中的人。與「員」相關的名詞則有規定人員、冗員、成員、黨員、職員、議員、隊員等，可知是概括所有隸屬於某組織內的人們。我們一直以來都是使用從業人員、員工的名稱，但這只是指組織內人員的總稱罷了。

客製型服務社會面臨的問題，在於單獨一人的員工或從業人員。因此，我們將單獨一人的員工或從業人員，稱爲「個員」。意味著在組織內發揮獨立個性的每一位個人。所謂的員工或從業人員，是指沒有獨立個性的公司人。他們與顧客一樣，代表複數之人。相反地，個員與「個客」一樣，是指單數之人。

因此，在客製型服務社會中，員工或從業人員不只是企業的齒輪，也必須視爲有自主性的單獨一人。企業如果能夠尊重個人的整體人格，那麼，企業干涉的領域自然就很有限。因此，企業不再需要全面性地照顧個人生活，而是必須更加尊重個人的自主性，把重心放在如何促使員工能夠採取積極自主的行動。並且也必須聽取組織基層人員的意見，讓

現場人員也感覺到自己是參與其中的一分子。個人受企業雇用的同時，也宛如是個人商店的所有人，必須透過自我掌控自行賺取自己的報酬。總而言之，他們必須讓自己成爲利潤中心（profit center）。

要從比目魚型（仰人鼻息型）蛻變成鱸魚型（出人頭地型）

在供應型服務社會裡，即使要促使員工向新工作或有創意的工作挑戰，成果也會不如預期。爲什麼呢？因爲所獲得的成果最後都將歸屬於組織或上司。縱使上司挽起衣袖（斬釘截鐵地）說：「失敗了也沒關係，試試看吧！」員工們也不會想要嘗試挑戰風險高的工作。無論是什麼樣的挑戰，有好的結果是理所當然，如果失敗的話，都是下屬的責任。如果是這樣的話，任何人都不會願意嘗試挑戰新事物。他們對於新的挑戰機會，不但感受不到任何吸引力，反而對高層提出的企劃案產生反彈。

但是，由於他們都具有從業人員的資格，所以，都能獲得報酬。正因爲如此，員工與上司相處時，總是必須戰戰兢兢，視上司的眼色而行事。上司與下屬之間縱使有鴻溝存在，也必須裝作沒事一樣地彼此相互扶持，做好分內應做的業務。

不過，一旦轉型成客製型服務社會，他們就能夠充分發揮自己的感性與才華，並能採取主體性的行動。這時，個人所得報酬的多寡，完全取決於個人達成成果的高低，或是個人的市場價值。這意味著，二十世紀型的人類屬於仰上司鼻息、看上司臉色行事的「比目魚型人類」；而二十一世紀型的人，則必須蛻變成爲成熟自主的「鱸魚型人類」。

所謂比目魚型人類，是指若遇情況不對，就會躲進砂堆內隱藏身體，雖然低著頭卻只有眼睛往上瞧，悄悄地觀察著上司與同事們動向的人。他們從不採取大幅度動作，也不會積極地爲謀取大眾利益而從事危險工作。相反地，所謂鱸魚型的人，是指那些可以獨自在人海中自在地悠遊的人。他們遇事不會閃躲逃避，他們會主動出擊，是屬於鱸魚型的人。

於是，以往主觀的評價失去價值，客觀主義日益抬頭。對於上司對下屬主觀的評價，開始有所反省，且逐漸要求客觀的評價。仰上司鼻息、看上司臉色行事的體制，也不得不由內而外地崩塌瓦解。

當然，在重視成果的客製型服務社會中，的確要爲結果承擔嚴酷的責任。但是，只要拿得出成果，個人要如何行事，皆可任由揮灑不受拘束。因此，無論是個人外顯的言行舉止或是個人的內面思考想法，旁人一概無權過問。而且，就連上司的嘆息聲都可以充耳不聞。在這樣的過程中，很快地，類似「紅燈，如果大家一起走過去的話，就不用害怕」，這樣的價值觀也就逐漸崩塌瓦解了。

在客製型服務社會裡，著重於個別最佳效能的加總

日本的組織中，打破慣例的人常被視為異端分子。而且，違反自己意志而遷就於現實的趨勢很強烈。也就是說，在供應型服務社會中，必須以紅燈型的人（駐足觀察者）為主流。在此狀況下，需要觀察大家的一言一行，使自己也和大家一樣，產生了自動模仿型的人。另一方面，他們也必須在團體中和其他人團結一致採取行動。由於全體人員的目標方向一致，所以，絕不容許有任何一人偏離正軌。因此，就人性面的觀點而言，這種體制有它相稱的效果。

但是，它的影響也不純然是正面的，它帶來的負面影響也不少。完全融入組織、團體中，善體上意而行事的忠犬八公型的人，自然而然會被認定是最得力的助手而受到重用。由於過度強調團隊默契，因而導致團隊成員無法充分發揮個人能力與資質的情況，也時有所見。所謂全體一致，指的是針對全體而言是最佳狀態的概念。因此，供應型服務社會中，整體最佳優先於個別最佳。

在這樣的社會當中，由於以全體為優先，因此，時常會發生犧牲個人的例子。例如：棒球賽時，在關鍵時刻，即使是有實力的強打者，有時候也迫於形勢必須擊出短打。

相反地，在客製型服務社會中，類似「和大家做同樣的事才會安心」的懶散態度，是不被容許的。服務對象的價值觀因人而異，為了能夠充分滿足他們的需求，必須有個別的因應對策。

客製型服務社會更重視個人的能力。也就是說，個人能力得以毫無遺憾地得到充分的發揮。而且，部分最佳優先於全體最佳。這並非是忽略全體最佳的意思，而是如果將部分最佳加總起來，最後的結果可以形成全體最佳就可以了。

在供應型服務社會裡，組織在某種意義上，可以比喻成划船隊。比賽划船時，每一名划船手有多少貢獻，是難以正確地計算。也就是說，每個成員的資質能力良莠不齊，想要針對每一個人做中肯的評鑑，其實是相當困難的。

相對地，客製型服務社會中所謂的組織，就像是長程的接力賽跑隊伍。接力賽跑時，不只是團隊的成績，個人的成績也很明確。即使這一隊輸了，個人成績仍然是存在的。因此，比較出色的選手還是可以獲得區間獎，或者衡量實際成績給予評價或報酬。

對於過去那種大家全體團結一致的做法，栗田工業的高坂節三曾提出以下警告。他說：「大家都說官僚習氣不好，其實是企業本身沒有人敢在董事會或經營會議上提出不同的意見。無論是銀行或是各企業，只要社長說了，大家就一味地追隨。形成完全沒有異議的系統……其實是民間官僚化，才把國家搞得烏煙瘴氣。日本無論什麼事，都是要求全體團結一致。如果無法像美國一樣，營造出可以自由發言、辯論的風氣，或者承認失敗的風氣，我認爲未來日本社會將會很糟。」

這絕非隔岸觀火。個人如果無法擺脫組織的束縛，進一步解放自己的話，士氣當然會日漸低落，個人具有的能力與

資質也將永遠不見天日。這對於個人或是企業而言，都是一大損失。從社會整體的角度來看，更是莫大的損失。只是一味地追求全體最佳，會使得個人的能力與資質無法得到充分的發揮，個人能力與資質將埋沒在全體之中，而朝氣蓬勃的個員也就無法誕生了。

不能因「會被苛責」、「會被褒獎」做事，而是為了要「取悅他人」做事

長久以來，員工工作的動機是什麼？在某一方面，也是基於被上司「苛責」或者「被褒獎」等情感上的理由。特別是營業相關承辦人總是被要求「這個也要做、那個也必須做」，工作的標準、目標不斷地被提高，如果沒有達到上司所提出的標準，就會遭受苛責怒罵，或是被人事室評爲低等考績。

泡沫經濟時期，金融機關、不動產公司的業務人員工作起來，簡直就像超人一樣。強迫員工過度勞動的企業中，常有過勞死的情況發生。這些企業員工們，卻爲薪資比例的提高，或成爲超級營業員之類的事感到自豪。但是，這絕對無法充分滿足顧客的需求。如今，那些採用重視銷售戰略的企業，大都受創嚴重，它們也都必須對過去的營運策略做一番徹底的檢視。

截至目前，企業的經營模式受到服務文化的污染，一味地只重視銷售，這種情形早已司空見慣。百貨公司、超級市

場等零售業，經常是夜以繼日地進行銷售競爭。另外，廠商之間也時常為了生存，展開激烈的角力戰，彼此之間的銷售競爭，戰況慘烈至極。製造商方面，許多業種都逐漸陷入了設備過剩而導致生產過多的問題，這時候，一般業者大都傾向於重視銷售。

某家休閒公司營業承辦人曾經說過類似以下的話。如果三個月內，無法達成三千五百萬日圓的營業額，一般員工就沒有辦法晉陞為主任。他們無視於顧客的感覺想法，只是夜以繼日地進行銷售競爭。而且，隨時利用行動電話向上司逐一報告現場的工作狀況，接受上層指示，同時拚命地銷售會員證。現場員工一整天的一言一行都必須在上司的掌控之中。雖然這只是其中的一個案例，但類似的例子，在日本的各公司中仍不勝枚舉。他們是一群被扭斷了自由雙翅而受上司操縱的人偶罷了。

今天仍有多數企業拚命地「大力傾銷」組織中所能提供但了無新意的商品與服務。在要求客製型服務的時代裡，仍然很重視銷售，並且持續提供手冊化、標準化等經過包裝的服務。員工的眼光只朝上司的方向看，而不是顧客。

以前，某家超級市場的社長曾說過以下這段話。這位社長某日到現場視察時，在現場的從業人員背對著顧客向社長打招呼，這位社長當場就斥責那名員工。這名超市的從業人員沒有意識到是誰在支持公司繼續經營。他們完全無法理解支持公司繼續經營的是顧客，而不是老闆。

但是，也有深諳顧客心理的經營者。例如：Bic Camera

的社長新井隆司就是。他曾說：「我總是在思考如何做，才能夠讓顧客滿意。因此，Bic不是在賣便宜貨。如果您問我貴的商品和便宜的商品，哪一個好？那當然是便宜的商品嘍！而且，雖然我們的商號是Bic Camera，但稱呼最好要容易瞭解。電話號碼也要容易記。從業人員的待客方式也要得宜，心情也要好。這是我自小累積的經驗，如果這樣做了，我認為絕對沒有不可能的事……所以，我認為思考如何讓顧客光臨之後覺得高興、感到舒服，正是買賣的基本原則。」正因為社長有這樣的想法，所以，Bic Camera成功了。

今日，從業人員必須具備的條件，不是在意上司的「苛責、褒獎」，而是來自於顧客的「喜悅」。顧客需要的不是產品或服務，而是貼心的客製型服務人員的誠心對待，這一點切不可忽略。

對於了無新意的產品以及使用說明手冊的機械化服務，人們早就已經厭倦了。顧客需要的不是例行公事般的機械化服務，而是傑出耀眼的客製型服務人員所提供的眞誠款待。

Chapter 6

客製型服務取向的組織需要什麼？

	供應型服務社會（傳統型態）	客製型服務社會（二十一世紀型態）
1.行為特徵	他律性的	自主性的
2.權限	公式權限論	權限接受論
3.考核評鑑方法	扣分主義	加分主義
4.集團的特性	一團和氣的群體	吵吵嚷嚷的群體
5.生產製造方法	現成的	量身訂製的
6.有效理論	X理論或Y理論	HM理論
7.組織構造	金字塔型	倒金字塔型或扁平型
8.授權程度	無實質上授權或部分授權	完全授權
9.公司內部的評價	來自上司的主觀評價	來自四面八方的評價
10.責任所在	組織負責或責任轉嫁	自己負責

賦予自由裁量權，員工和組織雙方皆大歡喜

日本有句諺語說：「借衣穿不如洗衣穿」，意思是說與其去向他人借新衣服來穿，倒不如自己去洗髒衣服來穿。換句話說，就是寧可自己艱苦地過著獨立的生活，總比接受別人的資助要好的意思。

在今日這種客製型服務社會中，可以自我約束、自我管理的人不喜歡被歸屬到組織團體裡，因爲那會使他要自我實現的環境受到限制。他們不想被組織團體限制，他們想在家人、地域社會、興趣、遊樂等各種領域中去找尋、達成自我實現的理想。並且，在時間及空間的展延下，他們憑著被賦予的條件試圖滿足自己的種種需求。

在供應型服務社會中，可以達成自我實現的地方只有工作的職場，因爲組織和個人的目標是一體的，所以員工身爲組織裡的一員，行動必須受制於組織。換句話說，他們不被允許採取自主行動，員工必須遵循上司或周遭人的指示採取行動，是屬於他律型的人。

追本溯源，像日本這種供應型服務社會，其本身就有孕育這種情況發生的因素存在。由於組織是封閉的型態，所以對公司員工而言，自己在公司內的評價極爲重要。我們可以從日本社會是一個重視頭銜的社會這點來理解這種情況。上司稱呼部屬不是叫「○○先生」，而是附上他的頭銜稱呼他爲「○○經理」「○○課長」，而被稱呼的人也頗樂意別人如此稱呼他，因爲這會讓他感受到優越感。但是如果只是頭銜大卻無實質的內涵相稱，就會像棉花糖一樣輕飄飄地毫無分量。有趣的是，在日本的組織體制裡，經理或課長的頭銜或地位有時候會變成人格上的評價，也就是說，一般人會產生錯覺，認爲「經理、課長是了不起的人物」。

之所以會產生這種現象，歸根究底，乃是因爲個人的行動自由受限於組織，並且個人未被賦予自由裁量權的緣故。如果他們可以充分得到授權，應該就可以自己擔負責任來處理問題。原本，權限與責任的關係，就像硬幣的正反兩面一樣，欲行使權限，就必須負起相對的責任。

在客製型服務社會裡，雖然會被賦予自由裁量權，但相對的責任擔當也不可避免。只要是對工作事業抱持著使命感的客製型服務人員，就會將他們的權限運用在提供對方夢想、感動及幸福快樂上。

這裡所指的權限，一般都認爲是公式化的權限，並且是與地位相稱、上級所授予的權限。也就是說，權限是上級所授予的，就誤以爲權限是該職位固有的東西，因此，上司對部屬就會頤指氣使。但是，如果部屬不聽從上司的命令，或是心不甘、情不願地勉強服從命令，那麼，權限所發揮的有效性及功能就十分有限。因此，權限如果沒有得到部屬的認同，就等於不存在。

所謂的權限，只有在上司的提議或指示得到部屬的認同、接受時才會發生效力。縱使上司想要發揮權限，如果部屬不積極配合或不樂意接受，則實際的權限效力就無從發生。

今後，擔任上司者不可以濫用權限，必須致力於啓發潛藏在組織內的熱情和創造性。爲了讓員工充沛的精力得到宣洩，必須授權部屬，讓他們早日自立自強，並且讓每一名員工都脫胎換骨，變成客製型服務人員。

如果可以做到這點，則不僅是員工歡欣鼓舞士氣大振，從此專注事業工作以遂職志，並會爲顧客帶來夢想、感動與幸福快樂。如此一來，企業也會形象一新，蛻變爲人人感謝的組織團體。

議論可堅定彼此的信賴關係，也是解決問題的方法

過去的組織講究的是全員一體，萬衆一心，因此，領導者在組織內必須負責協調整合各方的意見，個人的獨特見解或唐突的發言並不受歡迎。無論其構想或提議如何精闢獨到，只要沒有得到組織大多數人的贊同，就難逃被消滅的命運。

譬如大家在委員會或討論企劃案時，縱使參與討論者中有人提出精闢獨到的見解或提議，但是在民主主義的名義下，只有最大公約數的意見才會被採納，或是最後以會議的領導者的意見做終結。因此，即使提出原創或獨到的見解，最後也只能葬送在討論的過程中，這會使提出見解的人不但沒有充實感，反而覺得自己白忙一場。

最大公約數的意見或是領導者的想法，在第三者看來，未必就是嶄新有創意的。大部分的情形都是一些普通又平凡

的意見或想法，而且常是大家都沒興趣注意的事。

在這種供應型服務社會中，個人的自由意見或獨立的人格很難有伸展的空間，個人只能徒然地順從組織，對上司採取忠實的舉止行動。

但是，在社會轉變成客製型服務社會的過程中，個人的自主性會得到認同。個人會被賦予自由裁量權，可以按照自己的意思自由行使權限。結果，他們可以不必像過去那樣，聽從組織內外的意見或指示。

如此，個人自我實現的機會大增，形象也煥然一新，大家互相辯論的環境於是產生。今日的領導者已經不再是過去那種負責協調的角色，而是必須參與演出的大卡司。

日本的經營者之中，有許多人對待和他意見相左的部屬常不假辭色，意見與經營者相左的人，大概一輩子很難在公司裡翻身。其實應該將對方視爲夥伴或助手，大家共同來辯論，直到大家認可爲止，並彼此互相理解。甚至，爲了增進彼此對對方的理解，意見相左的人更需要互相徹底地辯論，辯論結果若雙方沒有交集，則彼此的信賴關係便無從產生。客製型服務社會必須可以包容異己，尊重對方，因爲如果大家意見都一樣，組織、社會永遠不會進步。

供應型服務社會的會議是一群關係友好的群體所舉行的一種儀式。但是，客製型服務社會的會議場，卻是一個大家吵吵嚷嚷、各抒己見、希望透過辯論來解決問題的場所。這群所謂吵吵嚷嚷的人，並非要在會議中不負責任的信口胡言，而是清楚地表達自己的意見或想法，並透過辯論的過程

來解決問題。在這裡，不僅是個人被允許可以暢所欲言，這裡也存在著個人自我實現的機會。

誰可以發揮客製型服務的領導力？

有人說過去的領導型態有一人型、自由放任型，以及民主型三種。一人型是獨夫（獨裁）型，幾乎不會傾聽部屬的意見；如果是自由放任型，組織就會變成無政府狀態，指揮掌控機能失效；民主型雖然被認爲是截至目前最妥善的領導方式，但在今日這種凡事講求快速的經營時代，它的過程太過於耗時，而且很有可能成爲產生官僚體系的溫床。

今日講求的領導力，和過去設定的基準不一樣，它屬於必須經過分類的新行動型態。在客製型服務社會裡，組織外部的顧客和內部的員工，每個人都是獨立的「個體」；因此，領導者必須視他們爲獨立的「個人」來對待，並以帶給他們夢想及幸福快樂爲己任。基於這點，個人如果想要發揮領導力，就不限定得登上高位才能辦到。他們可以身處組織的任何部門，隨時隨地展現他們的領導力。無論他們身居組織的哪一階層，他們都是貫徹客製型服務精神並帶領組織的人。而支持組織，以提供客製型服務爲目標的領導者，一般被區分成如下五種型態：

1.執行長（executive leader）。
2.組織網領導者（network leader）。
3.前線領導者（front leader）。

4.團隊隊長（team leader）。

5.啦啦隊長（cheer leader）（或稱後援會會長）。

把這些頭銜名稱套用在職棒的球隊上，就可以清楚瞭解。球隊的擁有者或理監事是執行長，他們必須將客製型服務精神納入經營理念或視野之中，率先考量球迷及選手的事務，並明確指示組織今後的行進方向；組織網領導者則負責與外界的交涉事務，找尋、拔擢優良球員，屬於球隊裡的職員或球探。他們在採用選手或訓練選手時，都必須考慮到選手的球技、未來的發展性以及性情等因素；前線領導者是現場的指揮調度人員，不僅要提供球迷熱誠的服務，還必須替選手備好他們得以達成自我實現的舞台；再來是團隊隊長，清原和博、中村紀洋等優秀選手可說都是團隊隊長。他們發揮自己最大的潛能，率先以身作則，帶領團隊。當然，他們也不忘要珍惜球迷及同袍；最後，還有啦啦隊長（或稱後援會會長），他們是從觀衆或是球迷當中自行登場的靈魂人物。

無論是哪種領導者，這些人都是貫徹客製型服務精神、會率先考慮組織或球迷事務的人。想要帶動整個組織，就需要有帶頭的先鋒、指揮中樞以及搖旗吶喊的後援部隊。我們稱呼這群在客製型服務社會中帶動組織的各部門負責人爲「客製型服務領導人」。

一般而言，位居領導者必須具備熱情、誠意及創意三項要素。的確，以往的領導者也曾有過熾烈的熱情，但是那樣

的熱情裡如果沒有伴隨誠意及創意，就無法承擔客製型服務領導人的要職。想獲得顧客及員工的支持，熱情、誠意及創意這三項要素，缺一不可。一個客製型服務領導人若無法具備這三項條件，就算是當上了領導人也沒有意義。

任何一種型態的組織想要實施改革，若是像過去般一味地遵循執行上級領導者的主張，則改革就不可能成功。欲使改革成功，就需要各色的領導人才。他們具有令人感動的使命感及觀點，透過各種提案或對話，把組織帶向貫徹客製型服務精神的成功之路。

因此，必須將組織內外高感度的客製型服務領導人集結起來，謀求共識與合作。這是構築一個進步的組織最重要的課題。要整合出這樣的課題，非英雄一人即可辦到。它需要各階層各種身分、並會利用各種方法來帶動事務的人，大家一起互助合作、相輔相成。

客製型服務社會的有效理論是「HM理論」

美國的經濟學家道格拉斯．麥奎格（Douglas Mcgregor）在其一九六〇年的著作《企業的人性面》中，提出了X理論和Y理論。他認爲人類本來就討厭讀書和工作，因此必須審慎監督，這是他提出的X理論；反之，Y理論指的是人類原本是自動自發的，即使無人監督，部屬也會自動自發認眞從事，而且管理效率也會提升。

供應型服務社會裡，組織中個人的自主性不受重視，換句話說，只有他律性才行得通。組織裡，上司和部屬的關係始終是固定的主從關係，沒有上司的裁示，部屬不可任意妄動，就算是瑣碎雜事，也經常必須等待上司的裁示。部屬必須時時討好上司來行事，自己則永遠處在一種無法下判斷的狀態裡。

譬如教戰手冊裡沒有的或是發生突發狀況時，部屬還是必須等待上司裁示後才能採取行動。面對顧客的申訴，如果無法在教戰手冊裡找到解決辦法，也得等待上級指示。因此，時間上的怠慢更引發了顧客的不滿，最後，顧客當然就從此逃之夭夭了。

在這種供應型服務社會裡， Y理論縱然有效，那也只能算是鳥籠裡的自主自發性罷了。總而言之，不管是X理論或Y理論，兩者都是組織目標和個人目標一體，組織等於個人的關係中產生出來的理論，是屬於在金字塔型組織中、必須考慮上下關係的管理模式。

但是，客製型服務社會裡，組織的型態不是金字塔型而是倒金字塔型或是扁平型，而且是屬於虛擬企業體（virtual corporation）。若非是虛擬企業體，就無法提供迅速又高品質的客製型服務，它是既有形又無形的組織。

爲了提供顧客新鮮感，組織經常必須是虛擬企業體。組織是個有機體，必須不斷重複細胞分裂，永遠維持成長的態勢。在此，我要針對虛擬型組織一詞，稍做詳細的說明。

供應型服務社會裡，我們經常會隸屬於某一特定的組織，必須從事在組織體制內被賦予的工作。而且，個人爲了

達成組織所設定的目標，必須與其他人團結一致才能成事。因此，個人必須遵守組織的規範或組織所訂定的法規。

但如果是虛擬型組織，只須向隸屬於組織各部門的個人說：「想做事或想參與某件企劃的人請舉手」，這時，有興趣參與或願意做的人就會集結在一起，形成一個集體參與討論的團隊（參考**圖6-1**）。而且，待工作或企劃案一結束，這個集體參與討論的團隊就解散了。在這種集體參與討論的團隊中，由於每個人都得到充分的授權，所以都可以自由地抒發己見。總之，參與集體討論的人，經常有機會一展自己的才華。

在這種組織裡，工作不是被賦予的，而是必須自己去找事情來做。他們不再是過去那個被人吆喝：「不需要考慮，只要按照所說的做就行了」，不再是那個被認爲是忠狗八公型的人。由於他們的工作通常都不是事先決定的工作，因此，他們經常會擔驚受怕。不過，對他們本身來說，因爲個人才華獲得肯定的機會大增，所以他們也覺得頗值得一試。

類似這般，在客製型服務社會裡，員工隨機應變的能力異常重要。他們沒有時間等待上司的指示，反而要發揮自己可以獨當一面的能力。他們不是組織中的齒輪，他們必須做一個可以獨立自主、可以獨當一面的人，來處理他們所面對的事務。

當然，客製型服務社會裡，也必須有不同於X理論和Y理論的其他論述。X理論和Y理論可以有效地應用在供應型服務社會裡，只是它有一項前提，就是組織在某一定期間內不會

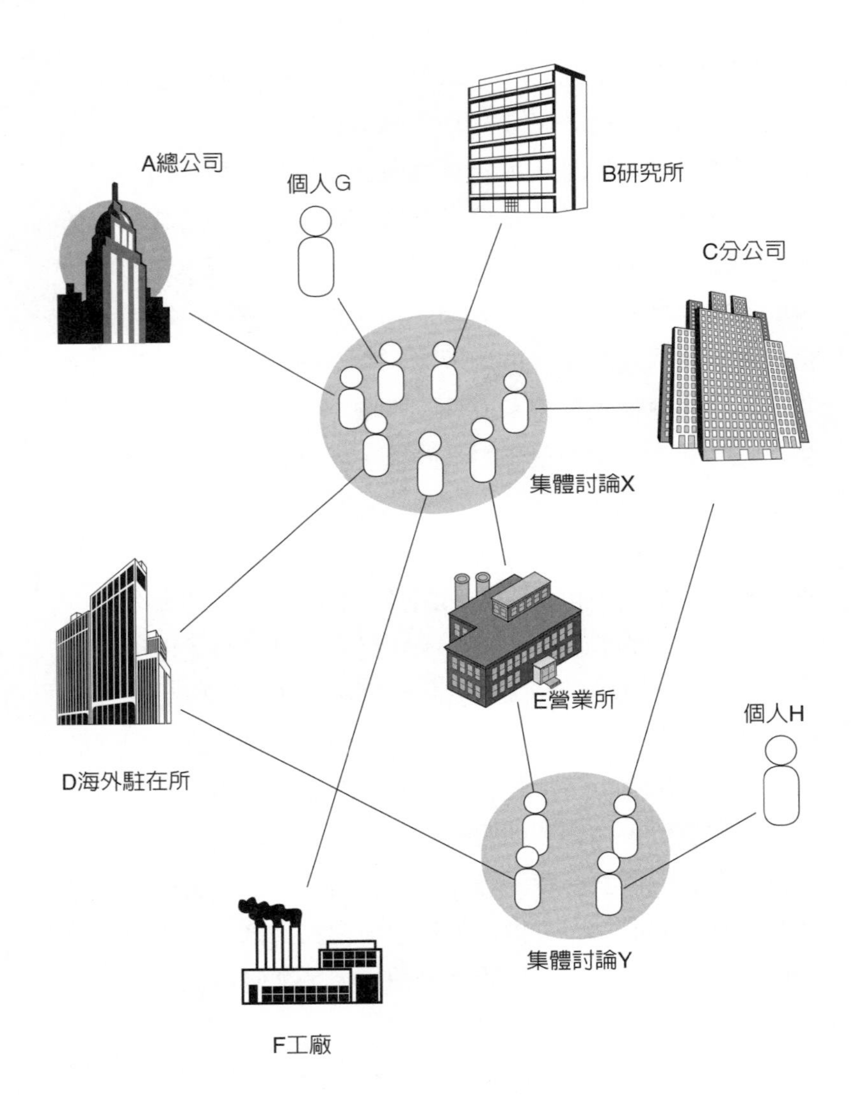

圖6-1　虛擬型組織

資料來源：Y. Uragou 2003

改變。但是，以客製型服務爲目標的組織，由於個人處於中心的水平關係，自由裁量權受到極度重視，因此，組織的型態必須是虛擬型企業組織。這種型態組織的行動原理，只能用我們所提出的HM理論（Theory of Hospitality Mind）來加以說明。

以客製型服務社會爲背景的虛擬型企業組織裡，我們需要的行動原理是將對方的喜悅變成自己的喜悅。在這種組織裡，由於個人的認同感及尊嚴受到重視，所以獨當一面的能力和自由裁量權就不可或缺。我們將這種貫徹客製型服務精神、在組織中可以自由行動的人的行動原理稱之爲「HM理論」。

所謂的客製型服務，它的涵義是當一個服務人員爲對方提供量身訂製的服務時，自己也會變成心靈感受最豐富的人。但如果要談到犧牲或等值的報酬，那麼客製型服務的意義就蕩然無存了，因此，客製型服務必須不含任何雜質。客製型服務的意涵，在於無論提供服務的人自己能不能得到回報，只要將夢想或感動帶給對方，最後自己一定也會和幸福快樂接上軌。

客製型服務就像這樣，講求自我犧牲才能給對方帶來幸福快樂。換句話說，只有不求回報、犧牲自我才是眞正的客製型服務的意義。縱然得到了回報，那是最終的結果而非最初的目的，這裡有一項大前提，亦即必須讓顧客、員工、股東都感受到夢想、感動及幸福快樂。使對方高興並得到對方的感謝，對方對他們的信賴度也會更加提升，他們所隸屬的組織也會因此更展現出力量與長處。他們得到的信賴度愈高，市場機能就愈能發揮，甜蜜的果實自然隨後就會嘗到。

客製型服務取向的組織，適合倒金字塔型或扁平型

日本IBM的椎名武雄就因應變化的方法，做了如下的敘述。他說：「轉移目標，改變策略，更改人員、物資、資金的分配，這就是企業因應變化該做的事。」他同時指出，企業必須改變兩件事。其一是「組織」，因為同樣的組織要達成不同的目標，實屬困難。另一項必須改變的是牽制企業的價值觀，也就是「尺度」。日本IBM面臨必須改善經營之際，成立了許多可以因應市場變化的單位，然後將權限下放給各單位，讓他們自行掌控、自行負責。

如果是大企業的組織，就像大樹底下好遮蔭一樣，個人的存在意識薄弱，個人的成就感或滿意度相對地也就不高。但如果是小單位，個人該擔負的責任或許較重，但是因為行動自由，工作也會變得有趣快樂。就價值觀而言，若用銷售總額或利益所得的「尺度」來衡量，即使數值上升，顧客如果不滿意，企業存在的理由就消失了。因此，顧客的滿意度這種「尺度」才是今後判斷價值的重要尺度。

傳統的金字塔型組織，每個人的注意力和能量都集中在金字塔型的頂端。也就是說，每個人的注意力和能量都集中在上層的經營者身上，結果是將顧客拒於千里之外。如果我們把金字塔倒過來，上層的經營者變成部屬的支持者，彼此

的角色正好互換。上級並將權限與責任下放給現場員工，讓他們把能量集中在顧客身上（參考**圖6-2**）。

甚至，如果把組織變成像「鍋蓋」般的扁平型組織，則不僅個人的存在得到重視，組織的能量也會向兩邊擴展，

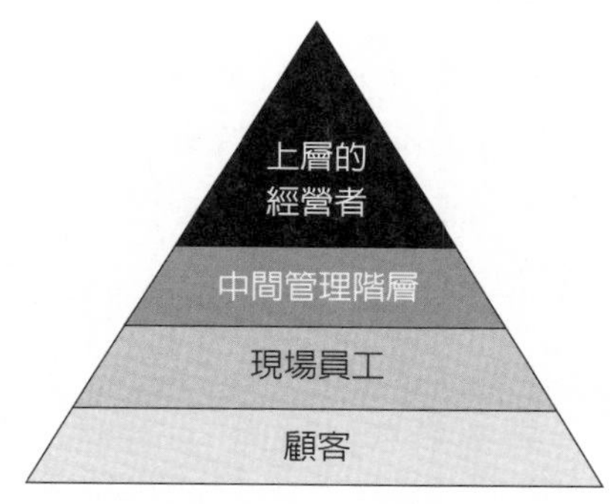

(a) 傳統組織（金字塔型）

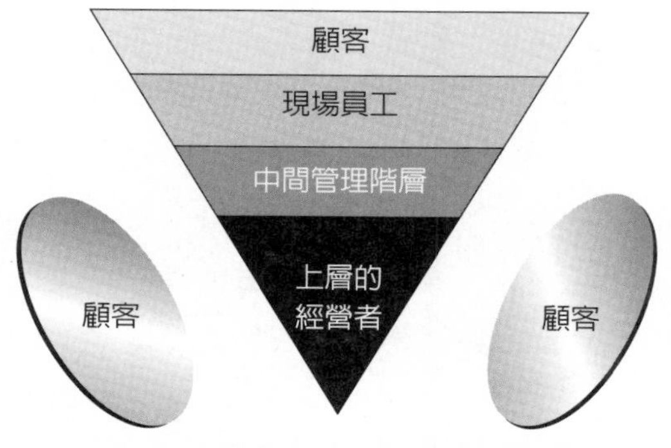

(b) 現代之顧客取向的組織（倒金字塔型）

圖6-2　傳統組織圖與現代之顧客取向的組織圖

資料來源：P. Kotler, "*Marketing Management*", 2000, p.23.

大家都會在各自的團隊內，努力圖謀問題的解決（參考圖6-3）。在此，由於各個團隊都被賦予權限和責任，因此可以比較迅速地採取隨機應變的措施。

在供應型服務取向組織裡，一有問題發生，責任歸屬也是由上往下一個推給一個，事情常常就在責任歸屬不明的狀態下不了了之。結果變成是組織全體必須負責，這麼一來，責任的歸屬就愈加混淆不清了，最後是誰也不必負責。在這種狀態下，不關心、沒幹勁、不負責任的組織文化於是乎誕生，組織裡最後只剩下「索然無味、意興闌珊」的空氣飄盪著。

今日，各家企業及各組織部門，迫於形勢必須改變型態，變成倒金字塔型或扁平型，以活化組織的機能。而且，

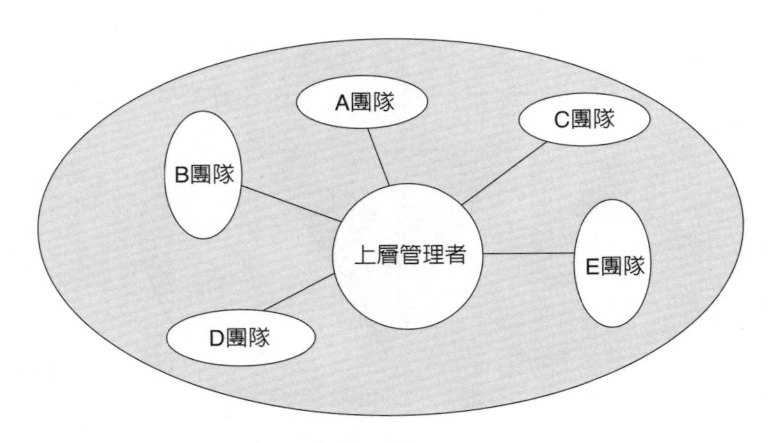

圖6-3　扁平型組織

資料來源：Y. Uragou 2002

已經有人確實執行並收到了成效。新力公司也配合市場的特性，成立了迅速因應組織，也就是採行小公司（company）制度。它的目的是速度化經營和員工的幹勁，因爲如果組織過於龐大，機能就會鈍化，對於市場變化的因應也會遲緩。志在提供客製型服務的組織，雖然型態上屬於倒金字塔型或扁平型，但它不是永遠不變的固定型態。它異於供應型服務取向組織，要跨越部門行事的時候，不需要事事徵詢上司的應允。想要替顧客帶來喜悅或感動，就不能沒有隨機應變的因應組織，因此客製型服務組織必須像夏季的雷雨雲一樣，不斷地更換型態。它的型態不該是數月或數年不變。客製型服務取向的組織，雖然型態上是倒金字塔型或扁平型，但它必須經常保有虛擬組織的機動狀態。

和光經濟研究所的吉田春樹針對他必須把組織轉變成扁平型的理由，做了如下的敘述。他說：「從前的受薪者，即使個人能力不如人，但在年功序列制度下，也可以逐漸爬上高位。之所以會這樣，乃是因爲工作服務的年限愈長久，所掌握的資訊就愈多的緣故。但是，到了今日這種資訊時代，所有的資訊都在資料庫裡，只須敲敲電腦鍵盤，任何人都可以得到同樣的資訊。不會因爲是經理，所以就掌握較多的訊息，也不會因爲年紀輕，所以掌握的資訊較少。因此，組織爲了使它發揮機動性，不得不改變原來的金字塔型，把它變成『鍋蓋型』，將營業據點或是製造現場的第一線消息，盡可能迅速地回傳到組織頂端的老闆處。」

重視個人、水平關係的「扁平型」或稱「鍋蓋型」，如果換個形容詞，形容它是「一盤義大利長條麵型的組織」，我們就更容易瞭解它的組織內容。

想要實現自我，來自四面八方的評價不可少

在日本，過去一般人事評鑑制度都是採取「居上位者評鑑居下位者」。在供應型服務社會裡，評鑑、考核部屬是上司的專利，完全依照上司的主觀判斷，因此，部屬爲了引起上司的注意，會表現得特別認眞或裝模作樣給上司看。

過去，上司對部屬的評鑑，向來是不清不楚、模稜兩可。事實上，部屬爲了引起上司的注意，只會做做樣子、擺擺架式給上司看而已。而上司也刻意裝作沒看見，私底下卻憑著自己的好惡對部屬進行評鑑，這種情況，時有所見。這種方式的評鑑，評鑑者的主觀價值會優於部屬的實際表現，可說是最曖昧不明的評鑑方式。部屬會因此覺得不管自己有沒有成果表現，結果都一樣，所以根本不需要認眞工作。

日本社會還有一個非常怪異有趣的現象，就是部屬永遠是接受評鑑的一方，上司又爲什麼不需要接受檢驗？企業的業績如果不佳，首先被解雇或被調任到相關分公司的，大致上都是弱勢的部屬，其次是眞正爲公司著想、敢向公司直言不諱的人。這就是供應型服務社會裡一般常見的現象。

這種現象，不僅在營利組織中屢見不鮮，非營利組織裡也時有所聞。大學、醫院、公家機構等等也都一樣。譬如，大學教授的評鑑方式就是一個典型的例子。日本的大學，一

般只由正教授來審查助理教授以下的教師的升等資格，也就是說，居上位者對居下位者實施評鑑。

在大學中一旦升格當上教授，即使不寫論文也不會被降級，這是大學裡的體制。許多在學會上或社會上表現傑出的教師，在教授會上卻得不到嘉許，受到肯定的反而是那些在教授會裡結黨成派、專搞校內行政的教師。這樣的教授陣容竟然主導著助理教授以下的優秀教師的人事升等，可謂是世界上最不可思議的事情之一。

類似這般，無論是營利組織或非營利組織，都實行居上位者評鑑居下位者的評鑑方式，前者一旦登上高位，就可以高枕無憂，再也不必擔心會被降級或他調。這種體制造就出供應型服務社會，也穩固了上與下的關係。但是，今日如果不把這個病灶挖除，日本的組織就無法像足球隊那樣熱力四射。

居上位者若不接受各方的檢驗、批評，則其組織的發展就有限。他們會因為位高權重、感覺舒適，而喜歡維持現狀。組織如果希望改革，就必須建立一套由下位者來評鑑上位者的機制。

日本也有部分大學實施自我評量制度。它並非是只將教授會的成員的研究成果公諸大衆，也就是說，它不是去檢驗何人在何時何地發表了幾篇論文，而是委託學術界以外的第三者機關，針對各項專門領域，檢驗其研究成果。

每一家企業一般都有人事考核制度，它是依靠數字所顯示的個人業績或比重來作為考核的依據。但是，進行考核判斷的人通常是直屬上司或人事部的負責人，或是經營陣營。這種考核方式，很難避免上司徇私包庇，甚至由於上司的徇私包庇而導致反效果的情形時有所聞，也因此，忠狗八公型的人物才有了可乘之機。對員工實施考核評鑑，項目中應該還包括有數字難以顯示的部分及未來潛能的評估。過去的考核評鑑制度，既沒有在同一職場工作的同僚或居下位者的相互評量，也不包括來自顧客或交易對方等外圍者的評價。

人事考核評鑑，若非來自各方的客觀評量，不但容易造成上司徇私包庇的情事，也會遺漏數字無法顯示的評量項目。對於一名員工的考核評鑑，由許多人從各個角度來評量會比較客觀，接受考核評鑑的人也會比較心服口服，而令他本人心服口服的考核評鑑，也會影響到他本人自我實現的要求。

關於這點，二〇〇二年十二月二日的《日本經濟新聞》刊載了一段內容如下的報導：「綜合降價商店羅傑斯（Rogers），從明年開始實施『三百六十度考核評鑑』制度，包括來自上司、同僚，及部屬針對某個人的工作態度做評量。如果是店長，就會有包括正式員工、兼職打工者、負責採購者、其他店的店長及各種業務幹部等等來對他施以評量、考核。在大約兩千名的對象中，每一名員工接受他人評量的人次約在五十至三百人之間。評鑑方式是將大約二十項的評鑑項目分六階段來評量，評鑑結果會反映在個人的能力所得上。」這是多麼棒的構想啊！

日本社會如今依舊承襲著供應型服務社會的惡風，從大

學到醫院及各公家機關，都還固持著供應型服務社會所採行的考核評鑑制度。這些制度若不改善，則員工的自我實現以及組織的自我實現的最終目標，將永遠無法達成。

從扣分主義走向加分主義是自我覺醒的開始

相信大家都常聽到「哥倫布的雞蛋」這句話，可是對於它的典故卻鮮有人知。哥倫布（C. Columbus）發現新大陸，回到伊莎貝爾女王（Isabella I）主政下的祖國時，堪稱是風光至極的凱旋大將軍。可是，在歡迎凱旋的慶功宴上，有個心懷妒忌的男子卻在背後不屑地說：「說是發現新大陸，不就是把船往西駛而已嘛！」哥倫布聽說有人這麼批評他，就從桌上拿了一個雞蛋，並說道：「如果有人可以讓這個雞蛋立起來，就請他表演給我看。」在場的每個人都來嘗試要使雞蛋立起來，可是都沒有成功。

於是哥倫布就拿起雞蛋，將雞蛋尾端輕輕撞擊桌面，讓蛋殼凹下去，他就這樣把雞蛋立起來給大家看。「什麼嘛！這樣誰不會啊！」有人說。哥倫布回道：「沒錯！大家都會。但即使是最不起眼的事，最重要的是，要能最先想到該怎麼處理。」

「哥倫布的雞蛋」包含了幾項教訓，它告訴我們即使是最簡單容易的事，若一開始就沒有勇氣去挑戰，終究是一事無成。它還告訴我們機智或構想創意這類的創造性的有無，會使結果產生天壤之別；還有，只知批評、苛責的扣分主義成就不了任何事。

在這裡重要的是挑戰新的嘗試，不論結果是成功或失敗，都必須肯定其勇氣給予加分，公司內如果缺乏這樣的機制，就無法培養人才。這次，島津製作所的田中耕一獲得了諾貝爾化學獎，他在得獎記者會上說道：「日本應該採行更多的加分主義措施。」他的話可謂一針見血。

在供應型服務社會裡，許多人會藉著使對方暴露弱點來滿足自己的優越感，意圖自我安慰。並且也因爲是供應型服務社會，所以時常會產生敵我的競爭意識，若無法在競爭中勝出，就永遠無法登上組織的高位；因此，爲了使自己步步高升，除了自我努力、成長以外，也就只剩將對手拉下來的辦法了。無怪乎職場上的蜚短流長及派系的鬥爭在任何組織裡均屬司空見慣。

過去的供應型服務社會，對方的長處被忽視，對方的缺點卻被放大檢驗；所以，對於他人的不幸，一般人都會幸災樂禍。譬如，那些被電視或週刊用來大作文章的某政治人物或藝人的瑣碎小事，其實都是一些他們的缺點或是偶發的不幸事件。我們的國人若只能注意這些事，於國家於個人均屬不幸。國人應有的態度是肯定他們對人類、社會的貢獻，並尊重他們應有的隱私權。

如果有時間去刺探他人隱私或是去扯對方的後腿，爲什麼不把精力耗費在更具有建設性的事情上？總而言之，供應型服務社會是垂直發展的社會，所以自己若想在組織中更上一層，就不得不採取這種手段。

但如果是客製型服務社會，大家不會彼此扯後腿，而會把精神集中在更有建設性、創造性的事務上。個人最重要的事是如何讓自己的天生才華得到展現，並收受甜美的成果。爲了達成這樣的理想，他們不僅不會去放大對方的小缺點，反而會儘量去肯定對方具有的長處、才能。如此一來，對方或許也會肯定自己、接納自己。

一個人若能得到對方肯定自己的才華或長處，那麼他肯定會幹勁十足。客製型服務社會是一個讓「個人」的力量得到發揮的社會，它也會使個人變得更加重視自我認同；而且，在這種社會中，個人的長處、才華，以及工作上的成果都會得到更多的讚許與肯定。換句話說，在客製型服務社會裡，扣分主義並不適合，它是一個加分主義有效的社會。

歐美企業中，有許多都採行加分主義，包括麗池卡爾登飯店、西北航空公司、北方風暴百貨公司等等，都是這類典型。這些企業透過加分主義，讓他們的員工個個士氣高昂、工作認眞。

個人會因爲自己的才華或長處受到肯定，變得更有幹勁。而重視個人自主性的客製型服務社會就是一個不看對方缺點、只肯定對方優點的社會。正因爲有加分主義這項前提，大家也就勇於挑戰困難的問題；如果缺乏這項前提，不但自我實現的願望無法達成，個人也會陷入挫折的低潮裡。因此，爲了讓加分主義發揮效用，對於個人的客觀評鑑就不可少。

客製型服務社會是一個重視「個人」的社會，在這樣的社會裡，再有加分主義來錦上添花，個人的自主性就會愈加提高，自我覺醒的腳步也會加快。更進一步來想，自我覺醒不僅會提高自我實現的要求，也會變成自我成長、進步的動力。而這樣的人，假以時日就會搖身一變成為前途燦爛的明日之星。

在客製型服務社會裡，必須能夠自我管控

客製型服務社會裡，相當重視個人自由及人格獨立，此乃無庸置疑。在這種型態的社會裡，個人的整體人格必須獲得尊重；相對地，個人也必須具備自主性、自我負責以及自助努力的態度。自己究竟造就了多少成果？或是作為企業資產的一分子，自己究竟擁有多大的市場價值？憑著這些因素，他們的報酬也被決定了。這種型態的社會一切講求成果。

這種型態的社會一旦形成，過去供應型服務社會中常見的平等主義就會逐漸地遭受排斥。對意欲達成自我實現要求的個人而言，那是一種惡質的平等主義。如果讓能力強的人和能力差的人得到的待遇或評價都均等，會讓能力強的人提不起幹勁，更甚者，還會讓能力強的人完全喪失幹勁，就整體組織而言，最後必然會導致整體組織效率低下。在供應型服務社會裡，個人就算想發揮自己最大的能力，也會出現實際上無從發揮的情形。換句話說，英才如果和蠢才住在一起，英才的智慧無用武之地，終究也會變成蠢才。正所謂優

劣不分，一視同仁。

然而，在客製型服務社會裡，個人的自主性及人格獨立受到尊重，個人也可自由行動。只要他們有意願，他們可以參與任何構想提案或企劃，在某種意義上，他們就像個人商店的老闆，想怎樣就怎樣，完全不受限制。但是，個人商店的老闆除了必須對店內的大小事情，包括進貨、售貨及收貨款等等之事，負完全的責任以外，還要顧及賺取利潤。也就是說，他們必須注意到經營上的每一個環節，必須自行掌控好所有的事務。

所謂客製型服務社會，就是指個人的自主性及人格獨立得到尊重的同時，爲了拿出成果，必須做好自我檢驗及自我管理。如果他們疏忽了這種自我控管的行爲，則個人自我實現的要求可能就無法達成，這種結果，絕非他們所願。

在過去的供應型服務社會，個人被迫處於無法自我控管的狀態，因爲他們時常只能遵照上司的旨意來處理事務，自由也只是上司許可下的自由而已。於是乎他們不得不一一遵循上司的指示，日復一日地過著無爲而食的日子。

可是，在客製型服務社會裡，個人被賦予權限，不但自我實現的機會增大了，還可以顯示自我認同感及自己的存在價值。只是，伴隨著權限而來的是相對的沉重責任。也就是說，再也無法像供應型服務社會的情況那般，把責任轉嫁或推諉給部屬。總而言之，在客製型服務社會裡，一切結果自己承擔，只要拿得出成果，旁人自是無權干涉。

Chapter 7

對客製型服務公司而言，EQ是不可或缺的要素

	供應型服務社會（傳統型態）	客製型服務社會（二十一世紀型態）
1.公司的特徵	供應型服務公司	客製型服務公司
2.雇用與教育・訓練的比重	教育・訓練＞雇用	教育・訓練＜雇用
3.看待員工的方式	人財	人才
4.員工採用基準	成績、學歷、職歷（過去的實績）	V.S.O.P.（未來的潛能）
5.IQ與EQ的比重	IQ＞EQ	IQ＝EQ
6.員工特徵	自我反省的、理論的、理性的	善於交際的、情緒的
7.學習期間	分次的	持續的
8.對失敗的想法	恐怖的懸崖	下一個舞台的跳板
9.企業所希望的領導人物	能夠創造銷售額及利益者	性情良好、人品優良者

客製型服務公司的出現

類似第三章提到的美國北方風暴百貨公司及西北航空公司這種客製型服務取向組織，是屬於貫徹客製型服務精神者的集合體。在這種組織裡，每一名員工都受到重視，他們的熱情及創造性都會被吸收、採用。組織裡的每一名員工都會像夜空裡的星星一樣，光輝耀眼。因爲每一名員工都已經脫胎換骨，變成了不折不扣的客製型服務人員。

未來的企業，上自領導階層下至第一線的現場員工，都必須由能貫徹客製型服務精神的員工來組成，目的是要替顧客及員工帶來夢想與感動，然後獲得顧客及員工的感謝。我們將這種已經轉變成客製型服務取向組織的企業，稱之爲「客製型服務公司」（hospitality company）。

客製型服務公司再變成一種虛擬型組織，可以迅速地處理顧客的問題。員工在不受約束的環境中，也經常能快樂從事。像美國北方風暴百貨公司，店內的員工就可以跨越部門，販售任何商品給自己的顧客；至於西北航空公司也不遑多讓，包括機長及機艙內的每個服務人員，都會幫忙撿拾機內垃圾或幫忙將行李搬入機艙內。

總而言之，爲了給予顧客夢想與感動，並帶來幸福快樂，就必須將最適合的人員機動地結合起來。如果像過去那樣，只是遵循公式組織的命令系統來採取行動的話，就無法採取迅速又適當的因應之策。反之，客製型服務公司乍看之下是一種透明、沒有具體輪廓的組織，但是它卻能因應情勢而改變型態，能夠用最快的速度來處理顧客的問題。

為了使顧客時常保有新鮮感，組織必須是虛擬型組織，因為若非這種型態的組織，就無法提供顧客高品質的隨機應變服務或客製型服務。譬如，有顧客向拉麵館要求外送到府，如果那天負責外送的人正好生病沒來，但是又不能不送，這時，拉麵館的老闆也好或廚房裡的廚師也好，必須有人代替外送服務員，將顧客訂的拉麵送到顧客處。如果無法做到這點，那麼當天就不應當開門做生意。這種思考觀念並非只限於拉麵館才有，一般的大企業也應當具備。

日本的企業，職務分擔及權限劃分非常清楚，非個人分內之事絕不碰觸，或是說不可碰觸。那是因為企業的組織型態是屬於權限未被賦予的供應型服務取向組織的緣故。我們將這種型態組織所構成的企業稱為「供應型服務公司」（service company）。這種型態的企業，官僚主義四處瀰漫，派系林立。由於組織是活性的有機體，因此，不僅要因應情勢經常變化，還必須不斷重複細胞分裂持續成長。

社會日漸轉變成以「個體」為中心的社會，在這樣的社會裡，想要順利應付持有多元價值觀的每一名顧客和員工的需求，就需要一群有創新構想的人員。如果只是將以前的既有人員重新整編，這種換湯不換藥的做法，終究還是無法應付組織內外的各種新需求。只是將價值觀相同或是行動類型一樣的人集結在一起，就試圖要滿足他們的需求、解決他們的問題，光是這樣做是不夠的。

因為今日面對的不是顧客，而是「個客」。就這點來說，「客製型服務公司」必須預先安插適當的人才，這些人必須是具有多元價值觀及能夠採取各種行動類型的人。在這種組織裡，員工就像生物一般，必須在穩定的狀態下，不斷地自我成長。

今日，組織愈來愈複雜化，而帶領組織的客製型服務領導也日益重要。組織裡的人員尋求自我掌控，冀望個人的獨自價值得到肯定、認同。但是，如果將這種價值分散，組織的整體價值就會下降。另一方面，組織裡的個人也希望過健康平穩的生活。而希望自我掌控的個人集合體之中，也需要一個扮演制衡角色的領導人。這時，能將客製型服務精神移植到組織裡的客製型服務領導人，就是掌握組織成敗的關鍵人物。

二十一世紀最有活力的企業，應是由一群具備客製型服務精神的人員所組成的「客製型服務公司」。也就是組織內的所有員工都成功地轉變成客製型服務人員的企業。這種企業不會讓員工待在特定的小辦公室內，而是將他們分散各處，必要時，可以機動性地集結各種人才，是屬於非常有彈性的組織。只要具備客製型服務精神、並且願意付諸行動來實踐它的人，都可以加入這種型態的組織。

以刻板印象選用員工是否得當？

最近，日本的政治、經濟、社會等所有層面都開始出現狂亂的現象。我們過去所受的教育傳達給我們的訊息是只要進入一流大學，畢業後就可以進入一流企業或公家機關任職，如此一來，一輩子就可以高枕無憂。這就是走向幸福之路、所謂出人頭地的方程式。

爲了達到這項目標，父母親和孩子、教師三方團結一致，四處奔走張羅，就是爲了讓孩子擠進一流大學。其中，還不乏所謂的英才教育，孩子從一歲開始就接受幼兒教育。世界雖廣，如此重視學歷，想要出身一流大學的國家還眞是罕見。高學歷、出身一流大學，和他將來的幸福或是在社會上所受的評價究竟有多少關聯？

最近，糟糕的是這樣的方程式陷入了無法可解的狀態。說是擁有一流大學畢業員工的一流企業，過去被捧在手掌心的這些組織，如今都已黯然失色。這些組織，確實在過去是一流企業，但是在今日，它卻已是過去式的亡魂。

大學畢業者要比高中畢業者前途看好，一流大學畢業者要比二流大學畢業者知識豐富，此乃日本社會一向以來的偏差觀念。學歷究竟意味著什麼？企業的世界是一個爲了在激烈的競爭中生存，必須秉持實力才能戰勝對方的世界。

學歷只不過是過去的一項資料罷了，以過去所學到的知識和能力爲基礎，未來，能發揮多少學以致用？或是對組織又能貢獻幾許？這才是重要之事。對一個人的評價，不應該視其從什麼學校畢業，而應該看他憑藉後來的努力與精進所造就的實績。

今日，資訊科技化與全球化的腳步加快，跨越國境的價值基準，亦即舉世的標準（global standard）受到重視。

譬如，日本國內所謂的一流大學，在全世界大學的排名中到底位居第幾位？結果是沒有任何一所大學擠進排行一百名之內。企業的情況也和大學一樣，過去被稱爲一流企業的許多企業，最近也都在世界排名中節節敗退。

由於供應型服務社會是垂直發展型的組織，所以在排名中位居何處，具有重要意義。但是，在國內就算是一流，如今卻意義不大。因爲在客製型服務社會裡，是否從一流的菁英大學畢業，或進入過去那種型態的優良企業，並不重要，重要的是「獨一無二」。

在這種情況下，企業就更需要具有個性及感性的人才，同時，企業也必須更重視精神面及倫理面，這是社會的形勢使然。而爲了因應這種社會形勢，企業必須在企業內根植客製型服務的文化。

在客製型服務社會裡，能擁有擅長客製型服務的員工，在競爭上就等於保有了優勢。它不僅可以提升企業的良好形象，也是企業成功的契機。因此，基本上來說，企業的命運就掌握在員工的客製型服務品質上，這絕非言過其實。瞭解顧客的心情感受，爲他們配置好可以帶給他們夢想或感動的服務人員，是未來的企業求取生存所必須具備的條件。

過去的企業雇用員工時，都是在錄取採用之後再施以教育、訓練。其實，應該在錄用之初就選擇具有客製型服務精神的人才是上策。這種情形就好比如果是去教導日光猴子軍團的日本猴跳舞，或許還可以收到一點效果，但倘若要教導貓學跳舞，那只是徒然浪費時間與金錢罷了。

投入資源應該在人才的選拔上，而不是在員工的教育、訓練上

如前所述，具備客製型服務文化的組織，也就是客製型服務公司，經常都可獲得顧客的信賴與共鳴。如果是經常利用飯店或餐廳的顧客，他們就可以清楚地分辨誰是能夠提供自己夢想或感動的服務員，而誰不是。因此，企業必須經常配置可以提供客製型服務的人才。

所謂客製型服務，它不一定需要經由訓練或教育才能培養出來。若要提供高品質的客製型服務，最好的辦法是在一開始就錄用具備這種特質的人。譬如，瑞士航空公司，他們錄用員工時，不採取先行錄用再耗費資源來教育、訓練他們的方式，而是在招募員工之初就投入大量資源，以選取最適合的人才。還有，西北航空公司在招募空服員時，也會延請乘客當中選出的代表來參與面試。這意味著在決定雇用時的選擇，要比錄用後才施以教育、訓練的方式更重要。爲此，他們投入了許多的時間與金錢。

據說某個國家的企業在招考員工時，來應考的人會因爲出身的大學排名殿後而遭到淘汰，並且考試的題目都是一些常理無法判斷的極端困難的問題。那些專司辨識千里馬職務的伯樂，竟利用毫無價值的「尺度」，將那些既優秀又有潛力的客製型服務人員淘汰出局。因爲那幾個問題，就決定了一個人未來的人生，一想到這一點，就覺得很不是滋味。

最近的員工錄用考試的確不簡單，企業一心想要錄用優

秀傑出的人才。由於選擇的一方和被選擇的一方都對未來報以期待，因此雙方都很愼重其事。看選擇結果如何，雙方的命運可能因此而改變。

西北航空公司在面試員工時，會讓應徵者談他們的幽默體驗，或是讓他們只穿一條內褲做自我介紹。這種做法是一種非常有趣的嘗試，透過這種方式被錄用的人，將來會變出什麼花樣爲大家帶來驚喜，大家都拭目以待。

在客製型服務取向的組織裡，過去的經驗及累積的知識，並不會成爲採用上的重要基準。對他們來說，採用感覺清新又天眞純樸的人才更重要。也就是說，採用具創造力又反應機靈擁有出衆才華的人，而不去採用那些固守既定觀念的人。

如果還是像過去那樣，招考員工時，依然偏重應徵者過去的經驗及其累積的知識，也有可能會導致無法收拾的失敗局面。因爲，對企業而言，背負呆帳事小，懷抱燙手山芋這種負面資產才茲事體大。這項負面的資產，就是指不願意順應客製型服務社會的人員。

針對這點，KYOCERa的創始者稻盛和夫的見解頗爲有趣，他說：「每個人持有的思想、哲學觀念都不一樣，或是大家都認爲那沒什麼大不了，但是，實際上，一個人的想法、思想及哲學觀念會決定他的人生。個人能力的差異可以從零到一百，熱情和努力也可以有零到一百的幅度差距。可是，令人不可思議的是，想法的差距是負數一百到正數一百的差距。這些數字全部都可以用乘法來計算，所以一個人無論能力多強又做了多少努力，只要他的想法是負面的，一切結果也會變成負面。」

按照他的說法，負面指向的人是最不適合的人選。如果企業在招考員工時錄用了負面指向的人才，對企業來說，那不僅是悲劇的開始，還會影響到組織的道德倫理，使整個組織變調。

整體而言，負面指向的人會拚命辯解其失敗的理由，並一直固執過去的所言所行。他們大致上是屬於性格陰沉不開朗、在他人眼裡是屬於缺乏自信的那一種人。反之，正面指向的人，即使遭逢失敗也不會追悔過往，而是設法善後。他們始終是開朗的、進取的，並充滿自信。這兩種類型的人，究竟哪一種人對企業有幫助，大家心知肚明。

如果大家在遇到不同的反對意見時，只會說：「那樣是不對的！」這樣做，就會讓事情無法進行。倒不如說：「我覺得這樣做比較好。」並提出替代方案。懂得如此應對的人，其存在價值會比較高。總之，客製型服務社會裡需要的人才，是對於任何事務都能有積極的自我主張，並且細心謹慎的人。

今日企業面臨客製型服務社會，能否確保競爭優勢，就全看它究竟能夠在企業內外網羅多少有個性和具有客製型服務精神的各種員工。因此，與其耗時耗力去培訓員工，倒不如把重點放在人才的選拔上。如此一來，當然，員工的多民族化也會成為必要的條件。日本的企業裡，一向都只錄用同民族、同文化的日本人。但是，今後若想放眼世界市場，卻

仍然固持過去的做法，就無法充分滿足市場的需求。

選擇標準不宜依據過去的實績，應視其將來的可能性

以前曾經問過日本電通股份有限公司的人事主管：「貴公司錄用員工時，注重哪方面？」這位主管回答我：「V.S.O.P.」，聽起來好像是白蘭地葡萄酒的一種。其實，它的意涵是多元性（Vitality）、特殊性（Specialty）、原創性（Originality），及人格性質（Personality）的意思。這位主管又說：「我們需要的是可以將同事當成自己的夥伴，願意和他們一起共事、打拚，而且可以替自己賺取到未來退休金的人。」站在公司的立場來看，這是理所當然之事。

過去採用員工的方式，有許多問題。在供應型服務社會時代，人員錄用時大都錄用其成績、學歷及經歷等方面比較優秀的人才，而且，時常還會偏重IQ方面，因爲一般認爲IQ高的人代表著他的本事也會高人一等。但是，IQ高的人，無論何事通常比較會堅持自己的主張並蠻幹下去，反而在組織中招來混亂局面。

佳麗寶公司的古島町子女士說了一段很有趣的話：「有人說世上有許多人存在，但是卻沒有人才存在。因此，不是人手不足，而是人才不足。那麼，人才究竟是什麼？我認爲是類似壞學生那種型態的人。糊里糊塗、腦筋不靈光的人無法成爲企業界的戰士。作爲一名企業戰士有其辛苦的一面，既要管理又要循循善誘，在人員的統轄管理上可謂煞費苦

心。一個人要是缺乏人格魅力，事業局面就很難擴展……再看看公司內部，那些在學生時代頑皮搗蛋的壞學生或是自以爲是老大型人物，實際上出了社會之後，其中可用之才還不少，這可是出乎意料。」眞是讓人拍手叫好的一段話。古島女士所提到的壞學生之中，或許也有人長大之後，可以成爲優秀的客製型服務人員或是客製型服務領導人。

客製型服務社會裡需要的人才是具有未來潛力的人才。未來的潛力絕非單憑過去的實績可以造就。譬如，我們就發現目前出人頭地的衆多企業創始人當中，有許多是年輕時飽嘗失敗經驗的苦命人。他們把過去的失敗及辛苦當作養分，並憑仗著後來的努力與精進，讓自己的事業開花結果。他們多半屬於情緒指數（EQ）高過智商指數（IQ），並具備客製型服務精神的人。他們不是長於邏輯性思考的IQ型人物，而是情感豐富的EQ型人物。

EQ一語，出自美國心理學家彼得．沙洛威（Peter Salovey）博士，他提出所謂的情緒指數，指人類除了具有理性的智能之外，還具有包括同情心、體貼、照顧以及其他情感在內的情感智能。說得更具體一點，包括自主心、主體性判斷、樂觀的想法、自我掌控以及心靈互通等等，都屬於情感智能。

那麼，我們要如何挑選出具有未來潛力的人才？具有未來潛力的人必須是志向遠大、會自我挑戰、有想要成功的慾望、吃苦耐勞的精神，以及擔負風險的責任感等等條件的人。一個人是否具有這樣的潛力，我們又該如何辨別呢？它

必須從各種角度來判斷。如果還是遵照過去的方式，只憑人事部門及組織高層的眼力來決定人事錄用，那麼，組織裡永遠也不會產生新的變革。因此，應該將顧客、交易對方、股東、專業顧問等組織以外的人員也包含在內，成立一個人事錄用評審團，對企業可能會錄用的人員做客觀的辨識與評定。選擇人才的基準也不應由筆試成績來決定，應透過面試，視其對於事理的看法、分析來評估他將來究竟有幾分潛力，最後再來決定是不是要錄用。

現在，社會上需要的人才是志向遠大、個性浪漫又有辦法貫徹自己理念的人。他們一身反骨，當他們發揮創造性或個性的時候，組織整體也會變成一個行動軍團。在這種變革的過程中，可以看見企業未來的發展。

讓企業全體上下均洋溢著客製型服務的氣氛

從一家小小的"The Hot Shop"商店（一九二七年馬里歐特成立的一家啤酒屋的名稱）開始，最後成就了世界上屈指可數的知名連鎖飯店的馬里歐特，他的經營哲學是：「為了珍惜我們的顧客，就必須珍惜我們的員工。」他不但是一位觀念新穎前瞻的經營者，也是一位了不起的人道主義者。員工生病時，他會親自前往探視；對於有困難的人，他也會率先伸出援手。他還將「員工至上主義」這種價值觀根植到企業文化內部，並把它的涵義傳達給所有員工，呼籲大家共同來遵守這種行為準則。

當時的馬里歐特重視員工究竟到什麼程度，至今仍爲人津津樂道。他最重視員工能夠工作與家庭兼顧，他不喜歡他的員工像日本的受薪階級那樣，爲了公司必須犧牲家庭生活。他認爲一個人不應該只屬於公司，而應該設法兼顧公司與家庭，可以做到這一點，就表示他是個工作完成度比較高的人。在他看來，一個可以犧牲家庭的人，絕不可能在社會上成就什麼了不起的事業。

馬里歐特最重視的一點是將員工視同自己的家人，十分珍惜他們。換句話說，他讓他的員工都能同時兼顧家庭與工作。他不只十分重視與利用馬里歐特飯店的顧客做心靈的接觸，他還會主動去關懷、理解員工，必要時，他也從不吝惜伸出援手。他將客製型服務精神的意涵，以身作則，率先示範給他的員工看。就是他這種不達目標誓不放棄、言出必行的經營毅力，才使得他締造了今日的馬里歐特飯店王國。這絕非言過其實。

爲了因應顧客的各種需求，企業必須由許多個性不同的客製型服務人員來共同組成。但是，企業所擁有的人才，並非從一開始就全都是客製型服務人員，雖說是採用新制來錄用客製型服務人員，但也有可能遺漏了優秀的人才；而既存的組織中，不瞭解客製型服務或不關心客製型服務的員工也依然在職。還有，雖說是客製型服務人員，但素質因人而異，因此必須實施教育、培訓，以提升客製型服務人員的素質。爲此，首先必須提供他們一個可以自我啓發的舞台，換句話說，就是支持他們在自己的工作事業方面向上提升

（career up），並建立一套公平的成果評定機制。

企業整體要蛻變成客製型服務公司，就如同攀登險峻的山路一樣，困難重重；但是對人來說，所謂的樂趣，就是正在攀登險峻山路的當時。山愈高、愈險峻，人的夢想就愈膨脹，勇氣也跟著湧現。

帝國飯店的教育、培訓課程裡，針對有意積極學習的個人，設計了四項能力開發體系，支持他們向上提升。這四項能力開發體系是「企業人培育」、「飯店人員培育」、「自我啓發援助」、「生涯設計援助」等。還有，針對個人的個性及職業適性問題，大倉飯店也從各種角度來做檢討，努力將最適合的人選安插在最適當的位置上。

無論如何，在客製型服務公司裡，人的部分要比工作的部分受到重視。因此，引發潛藏在員工內心深處的熱情和想像力，確立起可以和顧客共有的價值觀就顯得格外重要。追根究底，就是把在那裡工作的每一個人的力量加總起來，就可以變成客製型服務共和國的國力。

如前所述，對待員工就像對待顧客一樣，必須秉持客製型服務精神，因爲只有透過現場的員工才能提供顧客客製型服務。如果還是採取過去那種感覺、手法來錄用員工，或是實施教育訓練，企業和個人都將兩敗俱傷。今後，在人才的選取、錄用上，不應只偏重IQ方面，必須更注重對人的體貼及照顧的態度這種EQ方面的問題。

客製型服務社會裡，IQ與EQ如同車的雙輪，缺一不可

客製型服務社會是一個重視「個體」的社會，這點無庸置疑。因爲重視「個體」，因此就不該仍然用過去的固定態度來對待對方。縱使是從大衆變成分衆，或再分成小衆，對象範圍縮小，但它仍然不是「個體」。所謂對方是「個體」的意思，是指必須以持有不同價値觀或想法的個人做對象，因此，必須個別因應、處理。如果想要透過邏輯或理性來瞭解他們的價値觀或想法，那簡直就是緣木求魚，根本不可能。想要瞭解形形色色的人的情感或個性，不能單憑IQ，還要有高EQ才行。

再者，在客製型服務社會裡，無論是在日常生活世界或非日常生活世界，員工都會追求快樂。因爲每一個人工作的動機都不盡相同。或許有的人的工作收入是家庭經濟的主要來源，或許也有人是透過工作事業來達成自我實現的理想。無論是哪一種，員工對於工作的看法，因人而異。他們並非只是生活在日常的世界裡，他們的需求更是形形色色。因此，如果無法滿足他們的需求，他們也就不可能去滿足顧客的需求。

所以組織中的客製型服務領導人，不能置員工的需求於不顧，他們的職責就是要讓員工拚命工作，讓他們在工作中體會到自己的生存價値，並協助他們能夠達成自我實現的理想。

這種領導人的另一項職責是發掘眞正的高EQ人才。企業如果不去嘗試這樣的努力，最後不是失去競爭力導致無法和別的企業競爭，就是失去了顧客的信賴感。歸根究底，就是生或死的問題罷了。因此，能否一直都擁有客製型服務的人才，是決定一個企業盛衰的關鍵。

客製型服務社會中所謂的寶貴人才並不是指IQ高的人才，而是指IQ和EQ兩者均衡的人。而且，將來爲了更上一層樓，在智慧與情感之外，更必須具備文學、藝術及運動等各方面的素養。因爲愈是具備多方面素養的人，未來的成就也會愈高。

換句話說，這些要素和感受對方痛楚、自行下正確的判斷決定、與對方產生共鳴並理解對方等等能力，有相當密切的關聯。而且，這些要素還是身爲客製型服務人員必備的基本要素。

王宮飯店的吉村一郎認爲：「IQ與EQ是車的雙輪。」他的意思是：「有一點很重要，並非是IQ高、出身一流大學就一定會出人頭地。如果EQ低，人際關係就會不順利，會處處被孤立。說得更淺顯易懂一點，在眞實的社會裡，一樓是新進員工，二樓是組長級的人物，三樓是課長級的人物，四樓是經理級的人物，五樓則是董監事級的人物。在這一路往上爬的途中，一定會有個人可以表現的空間存在。第一階段的表現空間可以單憑IQ爬上去，可是，之後的每一個階段就必須有EQ相伴才能爬得上去。」從他的這種觀點來看，IQ和EQ的發展均衡、並和企業擁有共同價値觀的人，才能在團體裡面持續前進、步步高升。未來的企業必須注重一件事，就是「該如何取得IQ和EQ方面平衡的人才？」。

一般說來，EQ高的人比較瞭解自己，也比較能夠自我控制。而且，無論碰到什麼問題，總是能冷靜以對，即使身陷困境，也可以迅速地重新振作起來。他們的情感嗅覺也非常敏銳，因此，他們很容易和他人產生共鳴，也很懂得如何處理人際關係。他們的這些特質也和利他主義有關。

在過去的供應型服務社會裡，IQ高的人備受重視。他們恃才傲物、信心滿滿並且野心勃勃。他們會想要貫徹自己的意志或主張，對於任何事物皆以知識水準來做價值判斷。他們時常會表現出旁若無人的態度，或是始終煩惱不斷並常會追悔過去，屬於深思熟慮型的人。但是，在今日這種多元價值居優勢的客製型服務社會裡，這種只重視IQ的人逐漸不受肯定。

相對地，EQ高的人通常被認爲交際手腕比較好，他們對於不安或不悅的氣氛不是那麼在意。他們的責任感及倫理觀比較強烈，對待別人也很親切。他們情感豐富，不會刻意隱瞞自己的情感，所以對人不會擺架子。

每個人都有IQ和EQ，只是每個人的IQ和EQ的均衡點不一樣而已，也因爲每個人的均衡點不一樣，社會上也就有各種形形色色的人。總而言之，過去無論是學校或是企業都太倚重IQ。供應型服務社會是一個以集團爲對象，在集團中競爭的社會，在這種方式的競爭裡，爲了決定排名順位，就必須有IQ這種數據尺度來作爲衡量的標準。於是，IQ高的人在

供應型服務社會裡，確實爲組織做出了適當的貢獻。

今日，社會上需要的人才是IQ和EQ均衡發展的人。而且，當今最有活力最亮眼的企業是一群客製型服務人員組成的客製型服務公司。未來的企業必須因應顧客、員工、股東等等這些利害與共者的需求，重視和他們接觸時的態度，並珍惜雙方邂逅的緣分。爲了達到這項目的，企業必須要積極地募集IQ和EQ均衡發展的人才。

可以生存的企業要無懼失敗繼續學習

未來的企業必須集結IQ和EQ均衡發展的人才，持續學習、繼續成長。可是，截至目前，許多企業的學習方式還停留在單一性質的學習方式。企業裡的員工要是學習中斷或是失去學習意願，不是失去和別的企業的競爭能力，就是失去顧客的信賴。也就是說，企業的成與敗會因而顯現，所以說一個組織的命運如何，就得看組織內部人員是否持續學習而定。

如果一個組織持續怠惰學習，則組織的有效性就會逐漸喪失，阻礙發展的抵抗勢力也會抬頭。這種邏輯可以應用在任何組織上。譬如，一般人民對於政治世界裡，長久以來的官僚主義的政治操作手法，已經不再感興趣。這是政治人物不學習、不長進造成的結果。無論是好事壞事，我們一直都當成教訓在學習，可是，今天，「日本丸」這一條泥船即將沉沒，爲了拯救這條即將沉沒的泥船，就必須牢記過去失敗的教訓，勿使重蹈覆轍。

當今面臨的諸多問題之中，有許多都是起因於未將過去的經驗教訓連結到現今的改革上。這種情形並不只限於政治的世界，在學校教育方面，從小學到大學也有許多問題有待檢討、解決。而在醫療機構方面，過去的價值觀也已經落伍，不合時宜。我們在政治、經濟、教育、文化、醫療等各項領域，也應該有了足夠的學習機會，今後就看我們如何運用學習的成果，使這個社會變得更多采多姿，抑或是變成更可怕的社會。

客製型服務社會是一個倚靠「個體」、「水平關係」、「網狀組織」連結起來的社會，其中沒有界線。每天二十四小時不分晝夜，新的資訊都會進來。爲了能夠即時因應這些資訊，無論是個人或是組織都必須具備柔軟有彈性的問題處理能力。也就是說，如果他們不以柔軟的態度來處理問題，社會就無法改變，無法從供應型服務社會轉變成客製型服務社會。總之，未來想要存活的組織，必須是一個能夠以柔軟身段來因應環境變化的組織。

企業的成長與發展有賴於每一名員工的向上提升，因此，無論在哪一方面都必須提供員工學習的機會。每個人對於事務的熱心程度雖然有別，但也都有各自不同的好奇心和進取向上的精神。一般來說，人一旦受到周遭他人的信任，就比較敢去向既定的習慣挑戰，打破舊制，創造新局。他們會變得愈來愈能發揮才能，或許還能提出超越常識以外的構想。

對舊時的慣例及權威主義產生疑問，並予以打破，新的局面於焉誕生。一旦風向球轉向新的方向，整個氣氛也會跟著改變，這就是改革。而要達到這樣的改革，不需要什麼道理或理由，只需要對任何事情都勇於嘗試就可以了。

世界上製造最多產品在市面上販售的代表性企業，首推美國的3M或嬌生（Johnson & Johnson）等幾家公司。這些企業在短短五年內，新產品取代舊產品的比例就高達百分之三十到百分之五十。它們無視失敗的風險，不斷地向未來挑戰。

這些企業的領導階層，給予員工從失敗中學習的機會，讓他們行動自由，並可以不懼失敗而勇於嘗試。冒險原本就伴隨著失敗，歷史上也從未有不歷經失敗就功成名就的人物。本田宗一郎生前曾說：「我的人生是一連串失敗的累積。」如果因為失敗就必須負完全責任，就再也無人敢去挑戰伴隨著風險的新事物。嘗試、挑戰新事物、新局面不可以變成是可怕的懸崖，反而是失敗了仍然予以鼓勵的企業才能得到幸運女神的眷顧。

阿波羅計畫到底歷經了多少次失敗才成功？因為失敗才有新的挑戰開始。而且，這項挑戰給社會帶來了莫大的影響效果。失敗是成功之母，沒有失敗就不會成功，失敗不是可怕的懸崖，而是邁向下一個階段的跳板。如果因為畏懼失敗而不敢挑戰，反而會招來更多失敗的風險。持續向未知的世界挑戰的實質意義，遠遠超乎我們的想像之外。

重視人品與人格的客製型服務公司

KYOCERa的稻盛和夫有一回在大學的演講上提到：「公司是一個員工追求物質與心靈幸福的地方，但是如果只有員工得到幸福就沒有意義，因此，公司的事業應該持續發展、永續經營，如此，對人類、對社會的進步、發展才有貢獻。」

他還斷言人生在世最正確的心態，莫過於「愛與生命取得平衡的心靈狀態」。他從過去的事業經驗中，體會到人品和人格的提升異常重要；也就是說，一個人的品格比他的能力和熱情還重要的意思。他又接著說：「由於我們是事業家，所以在生意上，必須講求信用。但是有比信用更重要的東西，那就是尊敬。做生意買賣，如果能得到顧客的尊敬，工作就可以如願地順利進行。而想得到尊敬，就必須先具備能令對方感動的人品才行。」

過去，日本企業比較肯定對營業額及收益，或是擴大市場佔有率有貢獻的人。因此，在重視生產和效率的情況下，一切必須講求合理化，於是就實施了省力化及重整的策略。但是，由於未得到員工的諒解與支持，造成許多策略中途被腰斬，不了了之。這中間的過程，精神性及倫理性完全被漠視。不過，其中亦不乏確實意識到人格性情及倫理性的經營者，他們還將這些融入他們的經營理念之中。這當中，稻盛和夫堪稱是帶領客製型服務社會的客製型服務領導人。也正因爲如此，KYOCERa公司才能在社會上獲得高度的肯定。

最近的雪印食品公司或日本火腿公司，將進口的肉品謊稱是國產肉品，販賣給消費者，他們之所以會有這種欺瞞消費者及政府的作爲，是因爲在經營公司之前就有問題存在了。他們雖然戴著經營者的面具，但實際上卻是個欠缺客製型服務精神的非客製型服務人員。

樂雅樂公司的江頭匡一說：「適合客製型服務產業的人，必須喜歡吃、喜歡人，也就是說，讓別人高興或是被對方感謝時，心情的感覺會比得到金錢報酬還要快樂的人。」換句話說，今後，無論在哪個行業，客製型服務精神是從事工作事業必備的基本精神。

一個具有客製型服務精神的人，能超越個人關係，不拘任何對象，都能給予他們夢想、感動，及提供他們幸福快樂。客製型服務並非只適用在供應型服務產業或客製型服務產業的領域，包括製造業在內的各行各業，它都是不可或缺的基本要素。

因此，未來領導人必須重視人品性情及精神方面的問題，能夠給予員工及顧客夢想和感動，和他們共生共榮；並且，還要將潛藏在組織內的熱情及創造力引發出來，負責將員工被埋沒的才華及潛能發掘出來。換個方式來說，客製型服務公司裡，需要有人格、見識以及人性兼具的領導人。

針對這點，住友壽險的上山保彥認爲，未來的優質領導人必須具備下列五項條件。「其一、他必須是哲學家，其二、他必須是心理學家，其三、他必須是教育家，其四、他必須是戰略專家，其五、他必須是演出者。」他的見解還眞是一語中的。說得更直截了當一點，未來的領導人不但要把工作變成客製型服務事業，還必須設法改變員工，讓他們全都變成客製型服務人員。也唯有這樣的領導人才能在波濤洶湧的海上，掌穩船舵繼續向前航行。

要當客製型服務公司的領導人，它的前提條件是，該人必須具備優質的人品與人格；他還必須能夠和員工、顧客共生，在組織中根植客製型服務文化。

Chapter 8

組織的改革必須有人爲的突然變異

	供應型服務社會（傳統型態）	客製型服務社會（二十一世紀型態）
1.經營者的視角	蜻蜓的眼睛	禿鷹的眼睛
2.組織能量的泉源	領導階層的熱情、意願	員工的實際言行及反應速度
3.管理形式	抬神轎式經營	團隊經營
4.領導階層的角色	仲裁者	具有創造力的破壞者
5.領導階層的必備條件	零碎細微的專業知識	客製型服務領導力
6.存活的方法	適者生存或人為淘汰	人為的突然變異
7.改革上重視的東西	全體贊同	速度經濟性
8.對於變革的看法	維持現狀	清楚分辨什麼該變，什麼不該變

客製型服務領導人必須具備像禿鷹眼般的敏銳觀察力

像今日這般才一步之遙的未來都無法看清狀況的環境下，如果領導人的方向錯誤，企業立刻就會遭受致命的打擊。自一九七三年石油危機發生以來，我們面臨的是一個不確定或是不連貫的時代。今日企業所處的環境不僅混沌不明，對未來也無法預測。在這種不穩定的狀態下，任何企業只要稍有疏忽，馬上就會方寸大亂。

在人類史上，從未經驗過變化錯綜複雜、未來情況無法預料如今日者，而且，這種巨大的變化何時會發生，無人知曉，更無法預料。它還有一個特徵，就是變化的速度加快，影響力也大。身處這種環境混沌不明的時代，許多人對於未來感到從未有過的不安。

未來學學者艾爾文．托夫勒（Alvin Toffler）認爲：「唯有能夠明確看出將來藍圖及路線的組織，才可以存活。」遺憾的是，現實世界中，能夠洞察這種先機的領導人卻寥寥無幾。

在客製型服務社會中，帶領組織的領導人，就如同在第六章敘述那般，是由五種型態的領導人來組成。亦即由執行長（executive leader）、組織網領導者（network leader）、前線領導者（front leader）、團隊隊長（team leader），以及啦啦隊長（cheer leader）（或稱後援會會長）等，來帶領組織。但是，在這一章，我將特別針對執行長這個角色來進行探討。因爲就指示將來的藍圖或路線的意義上，他們在組織中扮演著舉足輕重的角色。因此，本章中提到的客製型服務領導人，其實指的就是執行長。

他們所指示的藍圖或路線，就是必須將顧客的快樂幸福和員工的自我實現當成首要之務來考量，並且要本著貫徹客製型服務精神的經營視野，訂定企業的目標與策略，並透過具體的方式，將它們正確地傳達給每一名員工知道。

今日，我們對領導人的要求不是他必須具備零碎細微的專業知識，而是他必須要有客製型服務領導力。餐廳的經營者並不需要親自下廚做菜，飯店的總經理也不需要親自舖床。他們應該要像禿鷹般，一面在廣大的天空中盤旋，一面掌握地形全貌，提示採行客製型服務精神的經營視野，並且可以明確地指出企業今後應該行進的方向與路線。

而且，爲了徹底做到讓顧客滿意及創造顧客價值，客製型服務領導人必須製造一個讓員工可以發揮自主性和創造性的舞台，使組織內部和外部的人員都抱持同樣的願景，經常和所有利害關係者保持互動交流。

在過去的供應型服務社會裡，對於未來之事，在某種程度上可以預測得到。縱使最後結果不如預期，也可以把受害程度降到最低。但在今日這種價值變化快速的時代，過去累積的經驗和知識卻完全無用武之地。

過去的領導人，只要具有像蜻蜓般的複眼，可以從各種層面各種角度來思考事情，大概就足以應付各種狀況了。這裡所謂的蜻蜓眼，就是觀察市場的眼光。具備這樣的眼光，

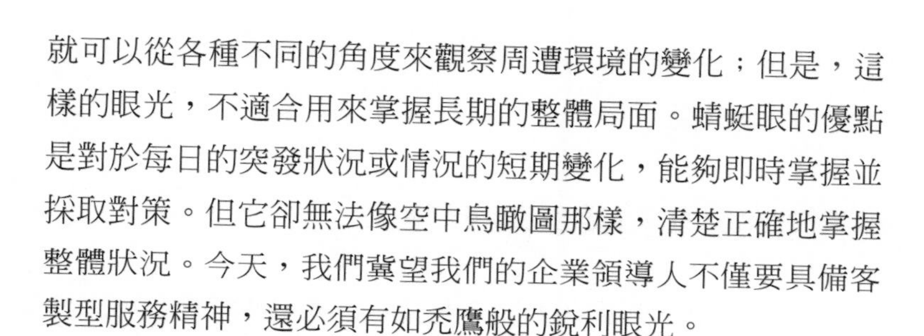

就可以從各種不同的角度來觀察周遭環境的變化；但是，這樣的眼光，不適合用來掌握長期的整體局面。蜻蜓眼的優點是對於每日的突發狀況或情況的短期變化，能夠即時掌握並採取對策。但它卻無法像空中鳥瞰圖那樣，清楚正確地掌握整體狀況。今天，我們冀望我們的企業領導人不僅要具備客製型服務精神，還必須有如禿鷹般的銳利眼光。

新力公司的井深大據說生前常對他員工說：「想想你自己如果是中小企業的老闆，你會怎麼辦？」在他這句話的背後，或許隱藏著如下的涵義：「中小企業的經營者，公司裡的大小事情完全都得自己負責，失敗了責任也是自己承擔；因此，他們每天都要絞盡腦汁，提出創意構想，實施新的變革。」井深大意圖曉喻他的員工的，無非是這樣的意思吧！

中小企業的經營者，一肩挑起所有責任，掌握整體組織。我們雖然是大企業裡的員工，也要站在整體格局的立場來思考自身的立場及公司的整體情況，井深大想表達的應該就是這個。他所大聲疾呼的，也就是我們今日所說的——抱持冒險精神，全力衝刺。

如前所述，供應型服務社會是屬於個人受到團體保護的社會；相對地，今日的客製型服務社會則是一個以「個體」爲中心的水平社會。因此，個別地去掌握每一位顧客的心理動向及想法，就顯得格外重要。而想要正確地掌握這些動向，就需要各種感應器。就像禿鷹，無論飛得多高，都還能掌握住地表上的小動物的動態一樣。因此，能夠在客製型服務社會中展翅翱翔的人，不但要具備像禿鷹般的敏銳觀察力，掌握世界的脈動，並且無論身居何職，都能適時掌握住對方的一舉一動。

何謂客製型服務領導者的資質？

過去，能夠獲得成功甜蜜果實的企業，都是一些可以為顧客、員工帶來夢想與感動的企業。創設迪士尼樂園，給全世界的人帶來夢想與感動的華特・迪士尼先生、成立麥當勞漢堡店並擴大其連鎖店遍及世界各角落的瑞・克洛克（Ray Kroc），以及重視員工，最後締造了飯店連鎖王國的威勒・馬里歐特等人，都是典型的客製型服務領導人表率。眾所周知，他們不僅重視顧客及員工，做事的態度更是不達目標誓不罷休，而且是言出必行的行動派典範。在帶領企業向上提升的過程中，雖然歷經無數次的挫折與失敗，但終究是峰迴路轉，到達成功之境。他們對於客製型服務的執著態度，超乎一般人的想像。但也就是這種執著的態度，才讓他們步上了成功之途。無論有多好的產品或供應型服務，如果無法為顧客及員工帶來夢想與感動，就難望坐收成功的果實。

這些企業受到全世界的人拍手喝采的理由是什麼？不外是自始至終徹底貫徹客製型服務精神的經營模式罷了。他們將其了不起的創業者精神融入組織之中，並且堅持到今天。他們不僅是出類拔萃的企業家，也是憑藉自己的力量開拓新世界的客製型服務先驅。仔細檢視一下他們的天生特質及行為模式，會發現他們持有幾項共同點。所謂基本的天生特

質和行爲模式，指的就是(1)性格；(2)視野、洞察力；(3)行爲；(4)自信心等四項。當然，他們各自的領導風格和發揮的方式是迥異的。他們身爲經營者，不僅本身具有出衆卓越的能力，作爲一個客製型服務領導人，他們的天生才華更是不遑多讓。以下，就來看看他們身爲經營者所共同具有的先天特質和行爲模式。列舉如下：

1.顧客和員工至上主義。
2.會出現在組織內所有人的面前，並和他們平起平坐交談。
3.包容異己，採納異己之見，寬以待人。
4.幽默、機智，態度謙虛。
5.針對客製型服務，清楚自己的長處和弱點。
6.在自己所屬的組織內根植客製型服務文化。
7.將客製型服務觀念向組織內所有人明示，提示達成目標路線。
8.重視成果主義，使每個人都轉變成利潤中心（profit center）。
9.不過度自信，能夠時常根據客觀資料及敏銳的感覺下判斷。
10.IQ和EQ的發展均衡。
11.具備倫理觀和清廉的操守。

這些客製型服務領導人知道如何配合環境的變化，迅速地改變戰術及策略，或許在當時他們並未使用戰術或策略一語，但是，實際上他們應該是意識到了這一點。他們還必須能夠清楚區分什麼是絕對不可以改變以及什麼是必須改變的。換句話說，他們所堅持不變的價值觀是：(1)視顧客和員工如同家人，珍惜、重視他們；(2)只要可以爲顧客和員工帶來幸福快樂，無論必須付出多少代價都會致力改革；(3)對於改革可能會有的風險或失敗，不會心存畏懼；(4)能夠面對逆境，迅速地重新站起來；(5)對於工作事業的熱情與奉獻。這些價值觀是客製型服務領導人成功的基石。

不過，僅保有這些價值觀，還是無法成爲一名出色的客製型服務領導人。他們必須時常揚起改革的鞭子，向未知的世界挑戰；遇到困難不但不退縮，還會力撐到底，無論歷經多少次失敗，也都能從失敗中記取教訓，並且東山再起。

世界上沒有任何一家企業是完美無瑕的。無論哪一種企業，從創始至今，一路走來風平浪靜的企業可說是寥寥無幾。所謂成功的企業是指能夠依憑己力，一路披荊斬棘、開創自己道路的企業。

在這裡，重要的一點不在於是否完美無瑕，而是遭逢失敗或困難時，需要多久時間才能重新振作、東山再起？重點也不在如何成功，而是爲了使一天勝過一天，孜孜不倦地向未知的世界進行挑戰。換句話說，活力充沛、朝氣蓬勃的企業，會積極地投入客製型服務事業，大膽地向設定的目標挑戰，在獲得成功的同時，也能從失敗中持續不斷學習，是一個絕不滿足現狀的企業。

企業的活力來自何處？

從前，PASONA 集團的南部靖之曾經告訴我一段有趣的話。他說：「我把能力比喻成氣球，無論多大的氣球，就好像一個人無論他的本事能力多強，如果氣吹得不夠就膨脹不起來，也不好看。但是，即使是一個小氣球，只要把氣吹飽，它也能夠輕飄飄地飛上天空。因此，一個人無論能力本事多強，但是如果不拚命去吹氣，也會像氣球一樣飛不起來。無關能力、本事，我希望我的員工都能夠像氣球一樣，飽滿氣足地飛上天空。」

換句話說，這可以用愛因斯坦（A. Einstein）的特殊相對論解釋。根據這項理論「能量等於質量和光速平方的相乘積」。也就是說，這是非常有名的「質量永遠等於能量」（$E=mc^2$）的理論。愛因斯坦在他的物理學裡，證明了能量和質量之間存在著正相關，如果把這個理論運用到企業上，能量（E）是根據員工（m）的快速執行和快速反應（c^2）所創造出來的。而且，對能量的多寡能造成重大影響的，就是領導力。

可是，在企業方面，這種恆等式，時常會變成負相關。那是因爲組織過於龐大，官僚的組織文化造成企業整體上下意志消沉，缺乏鬥志。在這樣的企業裡，組織內部的人員都肩負著沉重的挫折感和壓力，因此每個人都提不起幹勁。本來，企業的行動和它的成果，是取決於組織的能量，也就是說，企業的能量是企業向上提升的原動力。

在供應型服務取向組織裡，雖然領導人有幹勁又有熱情，但是員工卻不服從領導或背道而馳的情況，也時有所見。也就是說，在這種組織裡，因爲自主行動未得到認同，每個員工的能量都處於未完全燃燒的狀態，但是，在客製型服務取向組織裡，員工爲了達成自我實現而採取了自主的行動，因此，客製型服務領導人必須提供一個可以讓組織內部員工盡情發揮其個人才華的舞台。

客製型服務領導人爲了要創造一個孕育能源的舞台，必須持續不斷地實施組織變革和過程重整，此時的舞台設備必須具備以下條件：

1.全公司上下共同體認到「關鍵時刻」的重要性。
2.爲了要給予「個客」、「個員（員工一人）」、股東以及其他利害關係人夢想與感動，必須事先確立一個感應系統，以便能夠接收到與他們有關的任何微弱訊息。
3.讓全公司的人都意識到「個客是一輩子的顧客」。
4.在客製型服務上，讓組織內的所有人瞭解自家公司的優勢與弱點，設法彌補不足之處，不斷地進行人才補強措施。
5.對於員工個人的失敗要予以鼓勵、包容。
6.賦予個人自由裁量權，同時訂立責任擔當機制。
7.讓組織變成倒金字塔型組織或是扁平型組織，以小團體或者團隊型態，朝著客製型服務精神的實踐這個目標前進。

8.將領導力分散到各單位的客製型服務領導人身上。

總而言之，客製型服務公司的執行長的工作，就是發掘員工特有的個性、才華，並為他們準備好一個可以讓他們充分發揮潛能的舞台，以期日後為組織整體帶來豐碩的成果。

突破客製型服務領導者的瓶頸是什麼？

迎接二十一世紀，一百年才發生一次的改革浪潮，襲向了所有組織和個人。許多人發覺過去的供應型服務社會的想法及手法，已經無法適用在客製型服務社會上。

過去的觀念或模式已經不合時宜，許多人都不知道該何去何從，而且他們承認過去的經營模式已經落伍，因此，回到經營的原點上，重新找尋新的領導風格。

今日，在政治、經濟、社會各個領域的領導人才極度欠缺下，無論是政治界、產業界，甚至包括學校、醫院、宗教法人等所有組織裡，也都找不到出色的領導人，這種情況並不局限於日本，世界各國都因為全球化的衝擊，導致社會更混亂、市場更複雜及變化的速度加快。為了因應這些衝擊，必須制訂新的對策，可是現有的領導人，仍舊按照過去的傳統思維來處理眼前的狀況。

二○○一年六月三日的《日本經濟新聞》上刊載著一篇社論，標題是「尋求可以讓公司改變的專業經營者」。社論的內容意味著，日本也進入了一個經營者的能力和資質會給企業的經營帶來重大影響的時代。經濟泡沫化之前，都是採取「抬神轎式的經營」模式，所謂「抬神轎式的經營」是指只須聽從抬神轎的部屬的意見，他們就會全部代勞的意思，所以領導階層只須安穩地坐在優秀員工抬的轎子上就可以了。中間管理階層專司牽引領導公司之職，最高領導階層只負責公司內部協調及和業界交際應酬，就萬事OK了，這是供應型服務社會最典型的做法。

只是邊坐在轎子上邊觀察市場動態的這種做法，和自己站到最前線投身市場之中，兩者之間的差異可謂是天壤之別。如果像過去那樣，只是依賴擔任抬轎的角色：員工的自主性或是行動自由就會受到限制。在這種組織中，思考會受局限，因此無法產生獨創性的構想。疏忽這點，組織就會逐漸地轉變成官僚機構。

然而，由於資訊科技化、全球化以及制度規定放寬等的影響，情況有了改變。周遭環境愈來愈混沌不明，競爭也日趨激烈。另一方面，則是個人意識抬頭，企業再也不能忽視「個體」的存在。在這種環境的變遷過程中，經營者如果導向錯誤，企業隨即就會遭受致命的打擊而陷入困境。因此，當今所有組織都需要一位專業的經營者，一個重視個體存在，能夠徹底貫徹客製型服務精神的領導人。這種需求並不只局限於企業界，所有的組織都需要這種風格的領導人。

那麼，究竟爲什麼需要這種風格的領導人呢？在供應型服務社會中，企業的目標是從大衆、分衆再到小衆。雖然目標對象的範圍縮小，但它還是團體而非個體。原因是個體的

市場尚未成熟，以及以集團爲對象的目標市場，在成本節約上比較有利的緣故。而且，說是要滿足他們的需求，卻也只是著重在滿足他們生活面、經濟面的需求罷了。因此，企業爲了滿足這些需求，爲了享受規模經濟的成果，大家團結一致，一起行動。結果造就了「不欠缺必需品的消費社會」。

但是，在那種社會裡，大家必須團結一致，一起採取行動，因此只能造就出順從組織的領導人。換句話說，這是利用「抬神轎式經營」，大家共襄盛舉的結果。因此才無法培育出適合新時代的領導人。供應型服務社會和客製型服務社會各自需要的領導人，基本上，其風格型態是迥然不同的。

任何組織，只要時間一久，習慣和規則就會形成，隨後就會制度化，最後成爲組織文化而如如不動。組織文化一旦生根，無論是好是壞，都意味著它是難以變革的。也就是說，供應型服務文化已蔓延生根在組織及社會的每個角落。

針對這點，番茄銀行（Tomato Bank）的吉田憲治認爲：「這已經不是一個高層扮演協調者，一邊搔頭思考，一邊領著大家前進的時代；高層領導人必須自己粉墨登場，自己來道出夢想、精研計畫、創造體系、帶領行動。」他接著說：「領導人如果不懂得溝通就得不到支持，它不是指意思的疏通，如果無法與對方產生共鳴就沒有意義。」想要獲得共鳴，就必須當事者之間彼此產生心靈感應。

供應型服務取向組織的經營者認爲，只要將自己的想法傳達給中間管理階層，最後訊息自然就會傳達到最前線的服務人員。也就是說，他們誤以爲自己的主張自然會滲透到組織的基層，而現場的服務人員也會欣然接受。

但是，過去的垂直型組織，組織愈是龐大，從高層領導人下達到第一線服務人員的訊息，在過程中會有偏差或夾雜雜音，以至於下達的訊息內容變得不是十分清楚。而且，領導人即使想在組織內提升客製型服務品質，也會招來各種歧見或雜音，結果是領導人自說自話收場的情況也不少。當然，眞正的客製型服務領導力也就無從發揮了。因此，爲了避免這種情況，就像部分企業把組織變更爲扁平型組織，徹底實施團隊式經營也是一種方法。

領導人若想要將他的願景理念滲透到組織的基層，首先必須列出障礙清單，會造成阻礙不外乎下列幾項因素：

1.客製型服務領導人即使已明示他的願景理念，可是過去的供應型服務文化卻成了致命的阻力。
2.領導人本身未具備如禿鷹般的銳利眼光，從大處、高處俯視全局，並留意到細節。
3.員工每天爲例行工作忙翻天，已無餘力顧及提升客製型服務的品質。
4.未在內部培育眞正的客製型服務人員（包括領導人）。
5. 經營者認爲客製型服務半屬天生，想要讓員工提升這種品質幾乎不可能。
6. 員工片面認爲顧客只關心價格，對於現在的客製型服務品質，毫無所覺。

7. 員工未理解令顧客滿意及創造顧客價值的眞正意涵。

儘管客製型服務是今後社會不可或缺的項目，但是組織裡仍有許多人尚未察覺此事，這是一種危機。另外，領導人本身對於客製型服務品質的重要性尚未充分理解，也是一個問題。

新酒需要新瓶來包裝

在供應型服務社會裡，個人無論願不願意都得順從組織來採取行動。他們不僅意識到對外的競爭，而且爲了在組織內與同僚的競爭中能夠勝出，就必須重視組織的秩序或均衡協調。而擾亂秩序和均衡協調的人，會被視爲異端分子，最後會被組織驅逐。

原本，組織裡的人就不會冒著風險去施行改革，即使要推動改革，如果不是大家同調，也不會有人率先進行改革，變成意見領袖或是革新者。供應型服務社會中，原本就存在著一種很難自內部改革的組織文化。

然而，今日，就算必須辜負組織的期待或破壞組織的名譽，也必須捨棄過去的供應型服務文化，去建構一個新的客製型服務文化。這是時代的要求，因爲不僅顧客尋求自我認同而行動，就連組織內的人員也是爲了達成自我實現，開始採取自主性的行動。當然，他們的價值觀及想法是在改變，任何組織都必須呼應社會的要求及來自內部的需求。

今日，許多組織裡，官僚文化滋生蔓延，組織效率每下愈況，組織裡過去的供應型服務文化根深柢固，過去的習慣或是偏差變成了堵塞組織動脈的元凶。

另外，許多人得了變革拒絕症。他們本身對於究竟要改革什麼都不知道，也不瞭解改革的內容。改革不只是改變組織或體系的形式，而是必須徹底改變經營者及員工的意識想法才有意義。如今，政治、經濟以及企業的組織模式都必須變革。儘管如此，每天只聽到「改革！改革」的口號，甚囂塵上，但問題是，改革不能單憑口號。而是經營者及員工要即時反應客製型服務時代，在意識觀念上實施改革。為此，就必須具體的提出改革方案及實施的進度。改革必須要有時間表，許多組織在這方面始終是停滯不前。

據說印度的獨立之父甘地（M. K. Gandhi）曾說：「生來自於死，小麥為了萌芽，種子必須死亡。」為了帶來生機，必須先有死亡做前提。換句話說，任何改革都必定會伴隨「創造性的破壞」，沒有破壞，就不可能有改革。尤其是必須透過否定過去的成功經驗，組織的改革才會開始。這時，改革之前，明示未來藍圖是必要條件。

在客製型服務社會裡，必須先將過去的組織外殼打破。因為，必須讓組織內部及外部的人員有所覺醒，使他們存有一種想要達成自我實現的念頭。也就是說，顧客變成持有多元價值觀的「個客」，缺乏個性的員工也會變成一個具有獨立個性的「個員」。供應型服務社會中企業的高層領導人，可以只是扮演統合組織的仲裁協調角色，可是，在客製型服務社會裡的高層領導人則必須率先將組織解體。之所以必須

如此，是因爲組織的內容已經發生了質變。換句話說，新酒必須裝在新瓶裡。客製型服務社會的高層領導人必須能夠解讀社會趨勢的變化，揚棄舊式的包袱，製造新契機，並引領時代的潮流。

因此，高層領導人要做的事，就是替外部的「個客」及內部的「個員」準備好舞台，讓他們能在這舞台上盡情地舞出個人獨特的風采。爲了達到這個目的，不但要滿足「個客」的需求，還必須整編組織，讓「個員」可以採取自主性行動。這種組織不是供應型服務社會適用的金字塔型組織，而必須是虛擬的扁平型組織或倒金字塔型組織。在此同時，帶領這種組織的客製型服務領導人自是不可或缺的。

在任何一個時代，組織都必須經常維持自我繁殖的狀態。而且，組織爲了存活，和變色龍的情況一樣，必須能夠靈敏地順應環境的變化。任何一個組織都會歷經成立、發展、維持、變革等一連串的過程，組織也和人類的壽命一樣，它也有生命周期。想要延長組織的生命周期，就不要被供應型服務社會的包袱所局限，而要能夠順應客製型服務社會的變化，要求自我變革、自我創新。

突變為企業改革的唯一途徑

客製型服務社會裡，環境的變化只會日益激烈。因爲愈是資訊科技化，「個體」的舞台就愈廣闊。相較於集團，「個體」的價值觀比較多元，變動也比較迅速。

因此，實施變革必須隨機應變，因時制宜，其理由如下。供應型服務社會是垂直型組織，所以組織所獲得的資訊是由上而下或由下而上，是一種層層傳遞的方式。資訊要滲透到組織的基層，需要一段時間。而且，在資訊的傳遞過程中，會夾雜各種偏見或雜音，要解決這些問題，也是耗時耗力。再者，改革上，必須有多數人的贊同。基於這些理由，對於社會環境的變化，相對地只能比較緩慢地來回應處理。

但是，客製型服務社會裡，外部環境的變化會直接地、迅速地傳到組織內部，而且，它還是一個具有「個體」、「水平型」、「網狀組織型」等特徵的社會。在今日這種社會，任何人隨時都可以直接取得所要的資訊，結果是變化喚起變化，變化的速度加快，變化的內容也起了質變。因此，若沒有隨機應變因時制宜的回應機制，組織和個人都將無法存活。面臨這種未來無法預知的時代，單憑過去的經驗及知識已不足以應付。

回顧泡沫經濟破滅以後的日本經濟，由於因應緩慢，不知加重了多少經濟負擔。經濟效應冷卻及企業活動的失控，遠比想像中還要嚴重。無論是政治家或是企業領導人，都完全不瞭解速度在經濟方面的意義。問題不在於改革的口號，而在於提出具體的改革方案及實施的時間表。如果還是像過往一般，等到大家都同意了才要施行改革的話，則時間上拖延，只會使危機愈來愈嚴重。改革是有時限的。

供應型服務社會裡，企業想要存活的辦法有二。一是適者生存，人為因素祛除，能適應外界情況者生存，未能適應者則遭到淘汰。另一種是人爲淘汰的辦法。人爲淘汰本是生物學的術語，在生物的品種改良上，人爲的去蕪存菁創造出變種的方法。也就是說，利用遺傳性與變異性，選擇發生變異的種類不斷地創造變種。

現今存活的企業所採取的辦法，是這兩種方法當中的一種，但是，今日的情況是屬於無論企業採取其中哪一種辦法，都無法存活下去的緊急狀態。何以如此，原因如下：(1)未來的環境變化無法預料；(2)變化的速度加快；(3)我們的社會已變成「不欠缺必需品的消費社會」；(4)市場價值與過去不同，「無形資產」受到重視；(5)市場要求客製型服務。

Dream Incubator公司的堀紘一說：「無法脫皮的蛇會死」。他的意思是組織內的變化如果落後外部環境的變化，組織就無法存活。換句話說，組織內部的變革如果無法超越外界環境變化的速度，組織最後勢必會走上衰亡之途。

今日，當務之急是利用人爲因素來使組織產生突然變異，人爲因素的突然變異指的是利用人工手段，使遺傳因子發生變化的突然變異。企業的遺傳因子也需要積極地更換組合。譬如：可以委託獵人頭公司更換領導人，或是將幾家企業合併起來，在組織內注入新的遺傳因子。

在歐美的企業界，獵人頭或企業併購是稀鬆平常之事。因此，他們的企業變革迅速，能夠順應環境的變化。對日產汽車而言，卡洛斯．高恩先生就是一個完全異質的新遺傳因子。如果今天還是日本人當領導人，或許改革的腳步就不會如此快速。卡洛斯．高恩被形容是能力、速度和過去的經營者迥然不同的人。他天生就有一種快刀斬亂麻的能力，讓他能夠迅速地決斷所有事務。

自經濟泡沫化以來，直到今日，日本的財務大臣（經濟部長）不知更換過多少人，但是，無論怎麼等待，若要仰賴他們是無濟於事的。這時，何不設法將美國前財務長周邊的人挖角過來，讓他們來當日本的財務大臣或日銀總裁。在成本上、時間上都會划算得多。包括總理大臣的大位及其他的大臣職位，好像都必須要重組遺傳因子。

還有，經營持續低迷的企業，也應當在國內外網羅具有客製型服務精神的專業經營者，這樣效果會比較快。因此，爲了給予顧客及員工夢想與感動，必須跨越國界，主動尋找最適當的人選。組織這種東西，必須經常不斷地重複細胞分裂，持續向上提升。供應型服務社會採取的適者生存的法則或是人爲淘汰的做法，無法反應客製型服務社會的要求。如今是一個所有組織都應該斷然施行人爲的突然變異的時期。

未來是一個資訊科技革命的時代，跨越國界的客製型服務網將會是大家關注的焦點。而且，必須將具有客製型服務精神的人才，從海內外延聘回來，迅速且機動地結合。

客製型服務公司要認清什麼可改變與什麼不可改變

如前所述，在「不欠缺必需品的消費社會」裡，若還是抱持著供應型服務社會的價值觀，無論是個人或組織都無法生存。在相同型態的組織中，各自想要達成不同的目標終究

是不可能的。而規範組織的價值觀，也就是所謂的「尺度」如果不改變，其結果是什麼都不會改變。

然而，面臨從過去的供應型服務社會轉向客製型服務社會之際，想要維持現狀已然不可能。但也不是所有的大小事情都必須一一改變。就像在第四章中所看到的老店企業的案例一樣，必須清楚區分「應該改變」和「不可改變」的部分。所謂改革，通常它的結果在預期內的部分少，而超乎預期的部分卻較多。那是因為每天都有奇蹟發生的緣故。如果以時間的長短來考量，必須從社會大趨勢的變動來看清機會與威脅，並且利用自家公司的優勢與弱點，反應潮流趨勢，迅速地採取行動。

關於這點，帝國飯店的藤居寬針對「不可改變的部分」與「必須改變的部分」，提出了他的看法。他所指的「不可改變的部分」，一是指創業精神；二是指提供客人最好的設備及最佳的服務；三是指以人性化為出發點，發揮客製型服務精神。而他所指的「必須改變的部分」，一是指因應客人的需求或變化，必須採取革新的因應措施；二是指資訊化社會的因應之道；三是指對於勞工環境變化的因應之策。

表8-1所示者是在領導人的意志下，實施改革的結果的矩陣表。象限1和4對於企業而言是理想的結果；象限2和3則是不理想的結果。譬如，說是改革，結果就大刀闊斧地亂砍一通，連不想改變的部分也變了，情況比之前更糟。類似這般，雖說是改革，但並非所有的事情就會按照領導人的意思順利變革。如果拿捏不準這點，組織反而會陷入混亂局面。

表8-1 改革的意圖與結果的矩陣表

改革的意圖 / 結果	想改變的事〈例〉 ・能夠立即因應顧客需求的體制 ・創造員工可以實現自我的舞台	不想改變的事〈例〉 ・創業者精神 ・徹底的客製型服務精神
改變	1	2
未改變	3	4

資料來源：Y. Uragou 2003

原本，社會上大家都在高喊「改革！改革」，意圖要改變所有的狀況，結果反倒徒生混亂，改革也以失敗收場。藤居寬告訴我們一句名言：「傳統始終和革新站在一起」。在謹記這句名言的同時，我們更不可忘記，實施改革必須重視時機和速度。弄錯了這點，改革終將一敗塗地。

就連未來學的學者也都無法正確地預測未來世界的變化。但是，有一件事情卻是異常明確。那就是過去的供應型服務社會的價值被破壞，我們面臨的是一個情況愈來愈混沌不明的時代。資訊科技革命正以日新月異的姿態，邁開大步前進，世界朝向結合成一體的地球村邁進。但是，這個地球村不可以變成一片只剩下商品和金錢以及資訊交相殺伐的沙漠。

就像地球上所有的生物都可以共生共榮一樣，人類也必須採取主體性的行動。不僅要善待個人、善待社會，還必須

積極地參與和世界及自然界共生共榮的行動。地球上的每一個人都無法自外於這種潮流趨勢而生存下去。

這種變化，看起來像是對企業有威脅，其實從另一角度來看，何嘗不是一個重大的轉機。企業的命運端看它如何掌握環境的變化，能夠快速因應環境變化者就得以存活，否則就是逐漸地走向衰亡之途，是生是死，端看如何選擇。

還有，所謂變革，並非單指組織方面的變革，也是個人方面的變革。在個人方面，也有「要改變」和「維持不變」的部分。應改變的是自己的想法觀念和自己的將來。維持不變的則是自己的過往和對方的想法觀念。如果把該變的部分不改變，卻改變了不該變的部分，摩擦就會出現，壓力也會累積。即使想要說服對方，如果對方無法自心底產生共鳴，終究是什麼也不會改變的。意欲實施改革的人，其最初的心態想法和意識觀念如果沒有改變，就很難看到未來的理想藍圖。也就是說，要順應客製型服務社會，首先必須讓自己轉變成客製型服務人員。

明治維新之際，日本武士必須切除髮髻，清算過去的價值觀和想法，迎接新時代的到來。而如今，我們也需要切除過去的想法及價值觀，將日本傳統文化基礎的日本人「優美的心扉」打開。因爲過去供應型服務社會的「尺度」，再也不能用來衡量今日急遽變動的社會價值。

結語

距今約四十年前，東京大學的名譽教授中根千枝在其著作《垂直型社會的人際關係》中，清楚地闡述了日本的社會結構。他精闢獨到的理論，在當時頗爲轟動。

在垂直型社會中的各種日本組織，如今想要改弦易轍，轉變成水平型，確實是困難重重。筆者也認爲這絕非輕易之舉，而現在正處於過渡期。

而且，想要維持垂直型組織的勢力和意圖想將它改變成水平型組織的勢力，至今仍一直處於攻防狀態。這是一場革新勢力和抵抗勢力的戰爭。在政治或經濟等各領域之所以會混亂叢生，這也是原因之一。

在資訊科技化及全球化的衝擊下，至少我不認爲日本還可以維持著過去那種垂直型的社會結構。日本的垂直型社會是相當特殊的一種社會結構，和其他一些國家中看到的垂直型社會，其性質迥異。日本的企業組織在集團主義的名義下，是具有終身雇用制度及年功序列型薪資體系的供應型服務取向組織。在這種組織裡工作的人，縱使必須犧牲家人或自己，也要像忠狗八公那樣，對組織的上司唯命是從，忠心耿耿。

但是，今日個人意識抬頭，每個人開始意識到自我認同及自我實現的問題，是所謂「個人的時代」的啓端。無論組織內外，對於「個人」的存在，意識高漲。過去被看成是消費者或是一般大衆的顧客，如今必須視他們爲一個個的「個客」來對待。而組織內的員工，也就必須把他們當成是「個員」來看待。

在這種「個人的時代」裡，人爲了獨自生存下去，水平型的關係會變得愈來愈重要。同時社會愈是複雜，價值愈是多元，水平型的關係就更不能等閒視之。而且，要維持這種水平的關係，如果自己和對方之間沒有「心靈上的呼應」，關係就難以長久。

於是，我們將過去倚靠垂直關係結合成的社會，稱之爲「供應型服務社會」；相對的個人受到尊重，個人彼此間的關係是對等的水平關係，是倚靠心靈來結合的社會，這種社會，我們稱它爲「客製型服務社會」。

今日，我們放眼全世界，悲哀的是舉目所見盡是一些缺乏用心的事務。我們雖然不需要做到像宗教裡所說的「愛他人」，但是，對於他人的「關心」、「照顧」、「貼心」，似乎還可以更多一點。然而，實際上，缺乏客製型服務精神的服務傀儡卻比比皆是。

今日社會需要的不是高科技產品或是高科技服務，因爲這些商品早就在市面上氾濫成災了。面臨「不欠缺必需品的消費社會」，最需要的就是客製型服務。遺憾的是，尙未察覺這一點的人比比皆是。客製型服務，對於人、物、設備各方都有需要。

在這種客製型服務社會裡，企業中最重要的資產就是眼睛看不到、手摸不到的「無形資產」。它包括顧客的忠誠度、具備客製型服務精神的員工、企業品牌、客製型服務精神、客製型服務領導人的資質，以及包括各種資訊在內的智慧價值等等。若採用過去的貨幣標準，這些都是不受重視的資產。但是，在未來的時代裡，重視這種「無形資產」的企業，也就是客製型服務取向的組織（筆者將它稱爲客製型服務公司）會更有機會在競爭上取得優勢，並且享受到豐碩的成果。

也正因爲這些無形資產的價值得到了肯定，我們的社會才漸漸地從供應型服務社會轉型爲客製型服務社會。說不定客製型服務社會的來臨已爲時不遠。我們不但要仔細觀察變化中的社會大趨勢，無論是個人或組織，每個人都要意識到客製型服務精神，並且朝這個方向來做，才能夠在驚濤駭浪中繼續向前航行。人生只有一回，也唯有如此做，人生才會無憾無悔。

筆者斗膽說句心裡話：「世上的所有人要是都能察覺、意識到客製型服務精神就好了，那麼世上就不再會有混亂局面，和平就會到來，人類就可以生活得很幸福、快樂；可是，遺憾的是……」

最後，要感謝促成此書順利出版的諸君。書中所援引的實例，部分擷取自以特別講座的講師身分蒞臨筆者任職的大學演講之企業界菁英的演講內容。而且在演講結束後，個人私下與之會談時，許多位經營者所說的金玉良言，也在事後的回憶裡引用到書中。

非常感謝實踐經營管理學會會長横澤利昌教授，以及法政大學經營管理學院的稻垣保弘教授，在原稿的創作過程中，賜予了許多饒富趣味的想法。也承蒙關係者諸君提供了照片、資料以及討論議題等等。

謹此致上我無限的謝意，感謝諸位的厚愛與協助。

參考文獻

中村融譯，《信號》，弘文堂書房，1948年。

中根千枝著，《縱型社會的人際關係》，講談社，1967年。

中村元著，《近代思想》，春秋社，1981年。

德山二郎譯，《未來的衝擊》，中央公論社、1982年。

野田一夫監譯，《服務管理革命》，HBJ出版局，1988年。

清水紀彥譯、濱田幸雄譯，《組織文化與領導力》，鑽石社，1989年。

仁科慧譯，《看不到的顧客》。日本能率協會，1991年。

內山喜久雄著，《EQ、潛在力延伸術》，講談社，1997年。

橫澤利昌編，《顧客價值經營》，生產性出版，1998年。

浦鄉義郎著，《以真實瞬間抓住顧客》，光文社，2001年。

藤井清美譯，《企業領導》，日本經濟新聞社，2001年。

中川治子譯，《向文藝復興再生挑戰》，鑽石社，2001年。

Allen Z. Reich, *Marketing Management for the Hospitality Industry,* John Wiley & Sons, Inc., 1997

Christpher H. Lovelock, *Services Marketing: People, Technology,* Strategy , 4th.ed. Prentice Hall., 2000

Philip Kotler, *Marketing Management,* Prentice Hall, Inc., 2001

Philip Kotler et al., *Marketing for Hospitality and Tourism,* Prentice Hall International, 1996

Robert D. Reid, *Hospitality Marketing Management,* 2nd., John Wiley & Sons 1988

國家圖書館出版品預行編目資料

零距離行銷：客製型服務新思維 / 浦鄉義郎
作；中華中小企業研究發展學會編譯小組譯.
-- 初版. -- 臺北縣深坑鄉：揚智文化, 2008.02
面；公分.
參考書目：面
ISBN 978-957-818-859-4（平裝）

1.行銷 2.顧客關係管理

496 97001298

零距離行銷——客製型服務新思維

著　　者／浦鄉義郎
監　　譯／黃深勳
譯　　者／中華中小企業研究展學會編譯小組
出 版 者／揚智文化事業股份有限公司
發 行 人／葉忠賢
總 編 輯／閻富萍
執　　編／宋宏錢
地　　址／台北縣深坑鄉北深路三段 260 號 8 樓
電　　話／(02)8662-6826
傳　　真／(02)2664-7633
E-mail ／service@ycrc.com.tw
印　　刷／鼎易印刷事業股份有限公司
ISBN ／978-957-818-859-4
初版一刷／2008 年 2 月
定　　價／新台幣 230 元

＊本書如有缺頁、破損、裝訂錯誤，請寄回更換